职业教育土建类专业系列教材

建筑钢结构焊接

主　编　张　鹏

副主编　崔立杰　钟　静

参　编　胡志明　张广峻　王　丽

　　　　刘　洋　王少鹏　刘兵群

机械工业出版社

本书共10个教学单元，包括：焊接前的准备、焊缝的质量检查、焊条电弧焊、埋弧焊、栓钉焊、二氧化碳气体保护焊、熔化极气体保护焊、电渣焊、氧气切割、碳弧气刨。

本书适用于与建筑钢结构相关的专科、本科学生使用，也可作为从事钢结构加工制造和施工的产业工人的学习用书。学习者在教师指导下或借助《钢结构焊接规范》等资料，根据焊接工艺评定文件，对建筑钢结构工程中的钢构件进行焊接、组立，并能对焊缝的质量进行检查、采取相应的措施。

为方便教学，本书配有电子课件，凡使用本书作为教材的教师可登录机械工业出版社教育服务网www.cmpedu.com注册下载。咨询电话：010-88379375。

图书在版编目（CIP）数据

建筑钢结构焊接 / 张鹏主编 . —北京：机械工业出版社，2023.12
职业教育土建类专业系列教材
ISBN 978-7-111-74588-4

Ⅰ . ①建… Ⅱ . ①张… Ⅲ . ①建筑结构 – 钢结构 – 焊接工艺 – 职业教育 – 教材 Ⅳ . ① TG457.11

中国国家版本馆 CIP 数据核字（2024）第 016410 号

机械工业出版社（北京市百万庄大街 22 号 邮政编码 100037）
策划编辑：常金锋 责任编辑：常金锋 赵晓峰
责任校对：杜丹丹 梁 静 封面设计：王 旭
责任印制：常天培
北京机工印刷厂有限公司印刷
2024 年 4 月第 1 版第 1 次印刷
184mm×260mm · 14 印张 · 352 千字
标准书号：ISBN 978-7-111-74588-4
定价：45.00 元

电话服务 网络服务
客服电话：010-88361066 机 工 官 网：www.cmpbook.com
010-88379833 机 工 官 博：weibo.com/cmp1952
010-68326294 金 书 网：www.golden-book.com
封底无防伪标均为盗版 机工教育服务网：www.cmpedu.com

进入 21 世纪以来，建筑业全面转型升级，随着我国建筑业企业生产和经营规模的不断扩大，以及装配式建筑的推广，为我国钢结构行业的发展带来了良好的机遇。在建筑钢结构领域中，通过合理运用焊接技术，能够降低工作人员的劳动强度，促进钢结构建筑强度、刚度和稳定性的提升。因此钢结构从业人员应对钢结构焊接技术的重要性有足够认识，促进自身焊接技术水平的提高，以满足用户对钢结构建筑的需求。

目前我国高素质焊接技能人才较为紧缺，焊接人员整体素质偏低，焊接人员素质参差不齐，已无法满足目前钢结构建筑的发展需求。

编者通过充分调研，提炼出核心专业能力，将能力要求融入教学内容和组织中，对课程学习内容进行组建与重构，并基于 15 年的教学实践，联合多个院校不断进行补充完善，精心推出本书。

本书内容特点如下：

1. 注重行业职业技能需求

以建筑钢结构焊接职业能力要求为出发点，突出教学内容的实用性与针对性，以培养学生的实际应用能力为目标。将《钢结构焊接规范》（GB 50661—2011）等钢结构焊接相关标准充分融入课程教学的实施过程中，体现职业能力与岗位技能相适应、学习项目与结构形式相一致、教学组织过程与真实工序相协调的建设思路，以实现学生的能力递进与层次逐步提升的目标。

2. 立体化教材建设，符合"互联网＋职业教育"发展需求

本书配套完整的微课视频、电子课件和教案等数字化资源。此外，本书还建立了线上课程（中国大学 MOOC，课程名称与书名一致），读者可登录学习。

3. 融入思政元素，注重培养职业素养、职业精神

针对书中有难度或典型性的学习任务，增加了对学生工作素养等方面的引导，培养学生细致严谨的工作作风，开放创新的思维模式，强调对学生职业道德、职业素养习惯的培养。

本书按 48 学时编写，学时分配见下表（供参考）。

教学单元	学时
教学单元 1　焊接前的准备	8
教学单元 2　焊缝的质量检查	4
教学单元 3　焊条电弧焊	6
教学单元 4　埋弧焊	4
教学单元 5　栓钉焊	4
教学单元 6　二氧化碳气体保护焊	6
教学单元 7　熔化极气体保护焊	4
教学单元 8　电渣焊	4
教学单元 9　氧气切割	6
教学单元 10　碳弧气刨	2

本书由河北科技工程职业技术大学张鹏担任主编，河北科技工程职业技术大学崔立杰和钟静担任副主编，甘肃建筑职业技术学院胡志明，河北科技工程职业技术大学张广峻、王丽、刘洋、王少鹏和刘兵群参与了编写。

由于编者水平有限，书中难免存在疏漏和不足之处，敬请读者批评指正。

编　者

序号	名称	图形	页码	序号	名称	图形	页码
1	渗透检测		51	7	收弧		78
2	射线检测		52	8	栓钉焊的基本原理		107
3	超声波检测		56	9	栓钉焊的操作过程		108
4	磁粉检测		61	10	二氧化碳气体保护焊的工作原理		116
5	引弧		77	11	二氧化碳气体保护焊的冶金特性		117
6	运条		77	12	二氧化碳保护焊的熔滴过渡		119

（续）

序号	名称	图形	页码	序号	名称	图形	页码
13	二氧化碳保护焊的飞溅		120	19	电渣焊操作工艺		167
14	熔化极气体保护焊的基本原理		144	20	碳弧气刨的基本原理		206
15	熔化极气体保护焊气体		146	21	碳弧气刨的工艺参数		208
16	电渣焊工作过程		164	22	碳弧气刨的操作过程		208
17	电渣焊种类		165	23	碳弧气刨设备		209
18	电渣焊特点及适用范围		166				

Contents

目　录

教学单元 1

焊接前的准备

1.1 焊接和焊缝

1.1.1 焊接的基本知识

1. 焊接

焊接是利用加热或加压力等手段，借助金属原子的结合与扩散作用，使分离的金属材料牢固地连接起来的方法。

2. 焊接难度

建筑钢结构工程焊接难度可分为易、一般、较难和难四种情况。施工单位在承担钢结构焊接工程时应具备与焊接难度相适应的技术条件。《钢结构焊接规范》（GB 50661—2011）（以下简称《规范》）中规定了钢结构工程焊接难度等级，见表 1-1。

表 1-1　钢结构工程焊接难度等级

焊接难度等级	影响因素[①]			
	板厚 t/mm	钢材分类[②]	受力状态	钢材碳当量 CEV（%）
A（易）	$t \leq 30$	Ⅰ	一般静载拉、压	$CEV \leq 0.38$
B（一般）	$30 < t \leq 60$	Ⅱ	静载且板厚方向受拉或间接动载	$0.38 < CEV \leq 0.45$
C（较难）	$60 < t \leq 100$	Ⅲ	直接动载、抗震设防烈度等于 7 度	$0.45 < CEV \leq 0.50$
D（难）	$t > 100$	Ⅳ	直接动载、抗震设防烈度大于或等于 8 度	$CEV > 0.50$

注：钢材碳当量 $CEV = w(\mathrm{C}) + \dfrac{w(\mathrm{Mn})}{6} + \dfrac{w(\mathrm{Cr}) + w(\mathrm{Mo}) + w(\mathrm{V})}{6} + \dfrac{w(\mathrm{Cu}) + w(\mathrm{Ni})}{15}$（适用于非调质钢）。

① 根据表中影响因素所处最难等级确定整体焊接难度。

② 钢材分类应符合《规范》中表 4.0.5 的规定。

3. 资质等级

《规范》第 3.0.2 条规定：钢结构焊接工程设计、施工单位应具备与工程结构类型相应的资质。

4. 承担钢结构焊接工程的施工单位条件

《规范》第 3.0.3 条对承担钢结构焊接工程的施工单位规定如下：

1）具有相应的焊接质量管理体系和技术标准。

2）具有相应资格的焊接技术人员、焊接检验人员、无损检测人员、焊工、焊接热处理人员。

3）具有与所承担的焊接工程相适应的焊接设备、检验和试验设备。

4）检验仪器、仪表应经计量检定、校准合格且在有效期内。

5）承担焊接难度等级为 C 级和 D 级的施工单位，应具有焊接工艺试验室。

5. 焊接人员资格

《规范》第 3.0.4 条对钢结构焊接工程相关人员的资格规定如下：

1）焊接技术人员应接受过专门的焊接技术培训，且有一年以上焊接生产或施工实践经验。

2）焊接技术负责人除应满足第 1）条规定外，还应具有中级以上技术职称。承担焊接难度等级为 C 级和 D 级焊接工程的施工单位，其焊接技术负责人应具有高级技术职称。

3）焊接检验人员应接受过专门的技术培训，有一定的焊接实践经验和技术水平，并具有检验人员上岗资格证。

4）无损检测人员必须由专业机构考核合格，其资格证应在有效期内，并按考核合格项目及权限从事无损检测和审核工作。承担焊接难度等级为 C 级和 D 级焊接工程的无损检测审核人员应具备现行国家标准《无损检测　人员资格鉴定与认证》（GB/T 9445—2015）中的 3 级资格要求。

5）焊工应按所从事钢结构的钢材种类、焊接节点形式、焊接方法、焊接位置等要求进行技术资格考试，并取得相应的资格证书，其施焊范围不得超越资格证书的规定。

6）焊接热处理人员应具备相应的专业技术。用电加热设备加热时，其操作人员应经过专业培训。

6. 焊接人员职责

《规范》第 3.0.5 条对钢结构焊接工程相关人员的职责规定如下：

1）焊接技术人员负责组织进行焊接工艺评定，编制焊接工艺方案及技术措施和焊接作业指导书或焊接工艺卡，处理施工过程中的焊接技术问题。

2）焊接质检人员负责对焊接作业进行全过程的检查和控制，出具检查报告。

3）无损检测人员应按设计文件或相应规范规定的探伤方法及标准，对受检部位进行探伤，出具检测报告。

4）焊工应按照焊接工艺文件的要求施焊。

5）焊接热处理人员应按热处理作业指导书及相应的操作规程进行作业。

7. 焊接方法分类

《规范》第 6.1.7 条规定了焊接工艺评定所用的焊接方法，见表 1-2。

表 1-2　焊接方法分类

焊接方法类别号	焊接方法	代号
1	焊条电弧焊	SMAW
2-1	半自动实心焊丝二氧化碳气体保护焊	$GMAW-CO_2$
2-2	半自动实心焊丝富氩 + 二氧化碳气体保护焊	GMAW-Ar
2-3	半自动药芯焊丝二氧化碳气体保护焊	FCAW-G
3	半自动药芯焊丝自保护焊	FCAW-SS
4	非熔化极气体保护焊	GTAW
5-1	单丝自动埋弧焊	SAW-S
5-2	多丝自动埋弧焊	SAW-M
6-1	熔嘴电渣焊	ESW-N
6-2	丝极电渣焊	ESW-W
6-3	板极电渣焊	ESW-P
7-1	单丝气电立焊	EGW-S
7-2	多丝气电立焊	EGW-M
8-1	自动实心焊丝二氧化碳气体保护焊	$GMAW-CO_2A$
8-2	自动实心焊丝富氩 + 二氧化碳气体保护焊	GMAW-ArA
8-3	自动药芯焊丝二氧化碳气体保护焊	FCAW-GA
8-4	自动药芯焊丝自保护焊	FCAW-SA
9-1	非穿透栓钉焊	SW
9-2	穿透栓钉焊	SW-P

1.1.2　焊缝节点的设计原则

1. 合理选用型材减少焊缝数量

要合理选用型材来减少焊缝数量。尽量选用轧制型材，以减少备料工作量和焊缝数量，降低成本，且减少焊接应力、焊接变形和焊接缺陷。

2. 焊缝布置应尽量分散

焊缝的布置应尽量分散，当焊缝集中时，可采取一些方式分散开来。例如翼缘、腹板与加劲肋的连接处四条焊缝相交于一点，焊缝出现了应力集中现象，应做切口处理（20 ~ 30mm）。又如，角焊缝出现在钢板对接焊缝位置，三条焊缝相交，也出现了应力集中现象，应当将焊缝分散处理。柱间支撑或水平支撑的板件连接时，不能将焊缝都焊接在节点上，应当将节点的焊缝尽量分散。

3. 焊缝的位置应尽可能对称布置

若构件的焊缝不对称，则对构件的受力形式有所影响。若换成对称布置的焊缝形式，则受力会更加合理，焊接变形最小。

4. 焊缝应尽量避开最大应力断面和应力集中位置

如采用无折边封头，焊缝所在位置是最大应力断面，构件受力不合理，应改为蝶形封头，避开最大应力断面。两块不同厚度的钢板采用对接焊缝进行连接时，如果板厚差超过 4mm，不能直接用对接焊缝进行连接，需要按照《规范》的有关规定，将厚板做平缓过渡。

5. 焊缝位置应便于焊接操作

如果两块焊接钢板距离太近，不方便施焊，对焊缝质量会造成影响。设计时，可以按照《规范》的构造要求合理布置，或者可以调整钢板之间的相对位置以方便焊接操作，也可以改变焊缝的位置以方便施焊。

6. 便于埋弧焊的设计

采用埋弧焊施工操作时，考虑到焊剂的方便堆放，箱形构件的翼缘板应按照《钢结构设计标准》（GB 50017—2017）的要求伸出腹板外边缘一段距离。

7. 便于点焊及缝焊的设计

焊接时如果电极难以伸入，可以改变构件形式或位置。

8. 其他布置原则

尽可能平焊，避免仰焊，减少横焊。一次装配，尽可能完成大部分焊接。

1.1.3 焊缝的构造形式

1. 焊接方法与焊透种类

焊接方法及焊透种类代号应符合表 1-3（《规范》表 A.0.1-1）的规定。

表 1-3 焊接方法及焊透种类代号

代号	焊接方法	焊透种类
MC	焊条电弧焊	完全焊透
MP		部分焊透
GC	气体保护电弧焊 药芯焊丝自保护焊	完全焊透
GP		部分焊透
SC	埋弧焊	完全焊透
SP		部分焊透
SL	电渣焊	完全焊透

2. 接头形式

接头形式代号应符合表 1-4（《规范》表 5.2.1-2）的规定。

3. 坡口形状

坡口形式代号应符合表 1-5（《规范》表 5.2.1-3）的规定。

表 1-4　接头形式代号

代号	接头形式
B	对接接头
T	T 形接头
X	十字接头
C	角接接头
F	搭接接头

表 1-5　坡口形式代号

代号	坡口形式
I	I 形坡口
V	V 形坡口
X	X 形坡口
L	单边 V 形坡口
K	K 形坡口
U①	U 形坡口
J①	单边 U 形坡口

① 当钢板厚度不小于 50mm 时，可采用 U 形或 J 形坡口。

4. 焊接面及衬垫种类

单、双面焊接及衬垫种类代号应符合表 1-6（《规范》表 A.0.1-2）的规定。

表 1-6　单、双面焊接及衬垫种类代号

反面衬垫种类		单、双面焊接	
代号	使用材料	代号	单、双焊接面规定
BS	钢衬垫	1	单面焊接
BF	其他材料的衬垫	2	双面焊接

5. 焊接位置

焊接位置代号应符合表 1-7（《规范》表 5.2.1-1）的规定。

表 1-7　焊接位置代号

代号	焊接位置
F	平焊
H	横焊
V	立焊
O	仰焊

6. 坡口各部分尺寸

坡口各部分的尺寸代号应符合表 1-8（《规范》表 A.0.1-3）的规定。

表 1-8　坡口各部分的尺寸代号

代号	代表的坡口各部分尺寸	单位
t	接缝部位的板厚	mm
b	坡口根部间隙或部件间隙	mm
h	坡口深度	mm
p	坡口钝边	mm
α	坡口角度	°

焊接接头坡口形式和尺寸的标记见图 1-1。

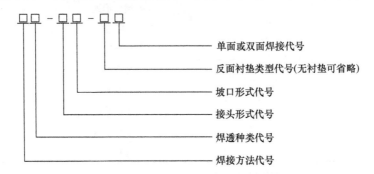

图 1-1　焊接接头坡口形式和尺寸的标记

标记示例：焊条电弧焊、完全焊透、对接、I 形坡口、背面加钢衬垫的单面焊接接头表示为 MC-BI-B_S1。

1.1.4　焊缝的计算厚度

焊缝实际厚度和有效长度直接影响焊接接头的承载力，焊工应根据设计图样中的规定施焊。焊接技术人员应进行技术交底，并对焊接施工进行技术指导和检查。

1. 全焊透对接焊缝的计算厚度

全焊透的对接焊缝，采用双面焊时，反面应清根后焊接，其焊缝计算厚度 h_e 应为焊接部位较薄的板厚。

全焊透的对接与角接组合焊缝，采用双面焊时，反面应清根后焊接，其焊缝计算厚度 h_e 应为坡口根部至焊缝两侧表面（不计余高）的最短距离之和；采用加衬垫单面焊，当坡口形式和尺寸符合《规范》中表 A.0.2 ~ 表 A.0.4 的规定时，其焊缝计算厚度 h_e 应为坡口根部至焊缝表面（不计余高）的最短距离。

2. 开坡口部分焊透对接焊缝的计算厚度

开坡口的部分焊透对接焊缝及对接与角接组合焊缝，其焊缝计算厚度 h_e（图 1-2）应根据不同的焊接方法、坡口形式及尺寸、焊接位置对坡口深度 h 进行折减，并应符合表 1-9（《规范》表 5.3.2）的规定。

V 形坡口 $\alpha \geqslant 60°$ 及 U、J 形坡口，当坡口尺寸符合《规范》中表 A.0.5 ~ 表 A.0.7 的规定时，焊缝计算厚度 h_e 应为坡口深度 h。

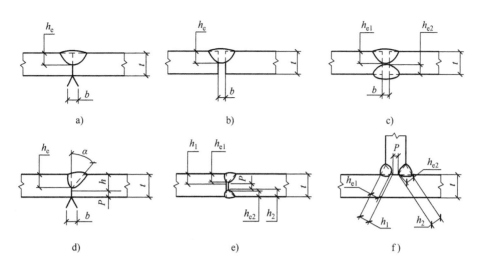

图 1-2　部分焊透的对接焊缝及对接与角接组合焊缝计算厚度

表 1-9　部分焊透的对接焊缝及对接与角接组合焊缝计算厚度

图号	坡口形式	焊接方法	t/mm	α/(°)	b/mm	P/mm	焊接位置	焊缝计算厚度 h_e/mm
图 1-2a	I 形坡口单面焊	焊条电弧焊	3		1～1.5		全部	$t-1$
图 1-2b	I 形坡口单面焊	焊条电弧焊	$3<t\leqslant6$		$\dfrac{t}{2}$		全部	$\dfrac{t}{2}$
图 1-2c	I 形坡口双面焊	焊条电弧焊	$3<t\leqslant6$	—	$\dfrac{t}{2}$		全部	$\dfrac{3}{4}t$
图 1-2d	单边 V 形坡口	焊条电弧焊	$\geqslant6$	45	0	3	全部	$h-3$
图 1-2d	单边 V 形坡口	气体保护焊	$\geqslant6$	45	0	3	F, H	h
							V, O	$h-3$
图 1-2d	单边 V 形坡口	埋弧焊	$\geqslant12$	60	0	6	F	h
							H	$h-3$
图 1-2e、f	K 形坡口	焊条电弧焊	$\geqslant8$	45	0	3	全部	h_1+h_2-6
图 1-2e、f	K 形坡口	气体保护焊	$\geqslant12$	45	0	3	F, H	h_1+h_2
							V, O	h_1+h_2-6
图 1-2e、f	K 形坡口	埋弧焊	$\geqslant20$	60	0	6	F	h_1+h_2

3. 搭接角焊缝及直角角焊缝的计算厚度

搭接角焊缝及直角角焊缝计算厚度 h_e（图 1-3）应分别按下列公式进行计算：

1）当间隙 $b\leqslant1.5$mm 时，$h_e=0.7h_f$，h_f 为焊脚尺寸。

2）当间隙 1.5mm $<b\leqslant5$mm 时，$h_e=0.7（h_f-b）$。

塞焊和槽焊焊缝计算厚度 h_e 可按角焊缝的计算方法确定。

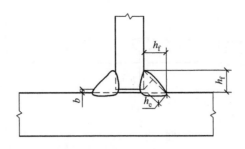

图 1-3 搭接角焊缝及直角角焊缝计算厚度

1.1.5 焊缝的设置

1. 角焊缝的尺寸规定

角焊缝的尺寸应符合下列规定（《规范》第 5.4.2 条）：

1）角焊缝的最小计算长度应为其焊脚尺寸 h_f 的 8 倍，且不应小于 40mm；焊缝计算长度应为扣除引弧、收弧长度后的焊缝长度。

2）角焊缝的有效面积应为焊缝计算长度与计算厚度 h_e 的乘积。对任何方向的荷载，角焊缝上的应力应视为作用在这一有效面积上。

3）断续角焊缝焊段的最小长度不应小于最小计算长度。

4）角焊缝最小焊脚尺寸宜按表 1-10（《规范》表 5.4.2）取值。

5）被焊构件中较薄板厚度不小于 25mm 时，宜采用开局部坡口的角焊缝。

6）采用角焊缝焊接接头，不宜将厚板焊接到较薄板上。

表 1-10 角焊缝的最小焊脚尺寸　　　　　　　　　　　　（单位：mm）

母材厚度 t[①]	角焊缝最小焊脚尺寸 h_f[②]
$t \leqslant 6$	3[③]
$6 < t \leqslant 12$	5
$12 < t \leqslant 20$	6
$t > 20$	8

① 采用不预热的非低氢焊接方法进行焊接时，t 等于焊接接头中较厚件厚度，宜采用单道焊缝；采用预热的非低氢焊接方法或低氢焊接方法进行焊接时，t 等于焊接接头中较薄件厚度。

② 焊缝尺寸不要求超过焊接接头中较薄件厚度的情况除外。

③ 承受动荷载的角焊缝最小焊脚尺寸为 5mm。

2. 搭接接头角焊缝的尺寸及布置规定

搭接接头角焊缝的尺寸及布置应符合下列规定（《规范》第 5.4.3 条）：

1）传递轴向力的部件，其搭接接头最小搭接长度应为较薄件厚度的 5 倍，且不应小于 25mm（图 1-4），并应施焊纵向或横向双角焊缝。

2）只采用纵向角焊缝连接型钢杆件端部时，型钢杆件的宽度 W 不应大于 200mm（图 1-5），当宽度 W 大于 200mm 时，应加横向角焊或中间塞焊；型钢杆件每一侧纵向角焊缝的长度 L 不应小于宽度 W。

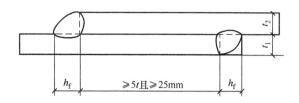

图 1-4　搭接接头双角焊缝的要求

t—t_1 和 t_2 中较小者　　h_f—焊脚尺寸，按设计要求

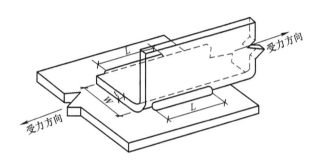

图 1-5　纵向角焊缝的最小长度

3）型钢杆件搭接接头采用围焊时，在转角处应连续施焊。杆件端部搭接角焊缝做绕焊时，绕焊长度不应小于焊脚尺寸的 2 倍，并应连续施焊。

4）搭接焊缝沿母材棱边的最大焊脚尺寸，当板厚不大于 6mm 时，应为母材厚度，当板厚大于 6mm 时，应为母材厚度减去 1～2mm（图 1-6）。

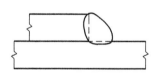 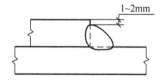

a) 母材厚度小于或等于6mm时　　　b) 母材厚度大于6mm时

图 1-6　搭接焊缝沿母材棱边的最大焊脚尺寸

5）用搭接焊缝传递荷载的套管接头可只焊一条角焊缝，其管材搭接长度 L 不应小于 $5(t_1+t_2)$，且不应小于 25mm。搭接焊缝焊脚尺寸应符合设计要求（图 1-7）。

3. 平缓过渡的尺寸规定

不同厚度的材料对接时，应做平缓过渡，并应符合下列规定（《规范》第 5.4.4 条）：不同厚度的板材或管材对接接头受拉时，其允许厚度差值（t_1-t_2）应符合表 1-11（《规范》

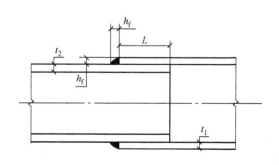

图 1-7　管材套管连接的搭接焊缝最小长度

表 5.4.4）的规定。当厚度差值（$t_1 - t_2$）超过表 1-11 的规定时应将焊缝焊成斜坡状，其坡度最大允许值应为 1：2.5，或将较厚板的一面或两面及管材的内壁或外壁在焊前加工成斜坡，其坡度最大允许值应为 1：2.5（图 1-8）。

表 1-11　不同厚度钢材对接的允许厚度差　　　　　　　（单位：mm）

较薄钢材厚度 t_2	$5 \leqslant t_2 \leqslant 9$	$9 < t_2 \leqslant 12$	$t_2 > 12$
允许厚度差 $t_1 - t_2$	2	3	4

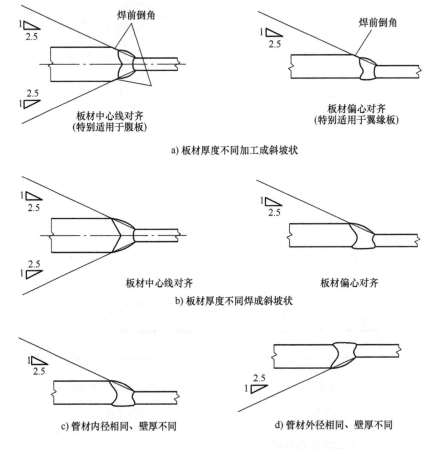

图 1-8　对接接头部件厚度不同时的平缓过渡要求

4. 防止板材产生层状撕裂的节点、选材和工艺措施

在 T 形、十字形及角接接头设计中，当翼缘板厚度不小于 20mm 时，应避免或减少使母材板厚方向承受较大的焊接收缩应力，并宜采取下列节点构造设计（《规范》第 5.5.1 条）：

　　1）在满足焊透深度要求和焊缝致密性条件下，宜采用较小的焊接坡口角度及间隙（图 1-9a）。

　　2）在角接接头中，宜采用对称坡口或偏向于侧板的坡口（图 1-9b）。

　　3）宜采用双面坡口对称焊接代替单面坡口非对称焊接（图 1-9c）。

　　4）在 T 形或角接接头中，板厚方向承受焊接拉应力的板材端头宜伸出接头焊缝区（图 1-9d）。

5）在 T 形、十字形接头中，宜采用铸钢或锻钢过渡段，并宜以对接接头取代 T 形、十字形接头（图 1-9e、f）。

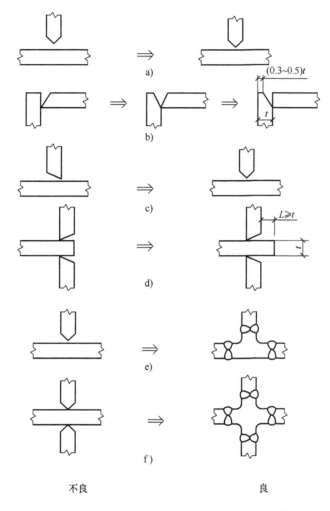

图 1-9 T 形、十字形、角接接头防止层状撕裂的节点构造设计

6）宜改变厚板接头受力方向，以降低厚度方向的应力（图 1-10）。

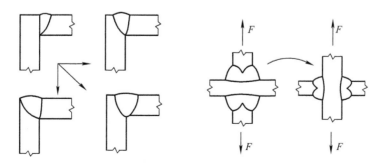

图 1-10 改善厚度方向焊接应力大小的措施

11

7）承受静荷载的节点，在满足接头强度计算要求的条件下，宜用部分焊透的对接与角接组合焊缝代替全焊透坡口焊缝（图 1-11）。

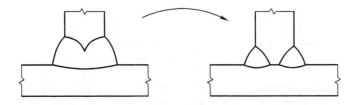

图 1-11　采用部分焊透对接与角接组合焊缝代替全焊透坡口焊缝

5. 构件制作与工地安装焊接构造设计

构件制作焊接节点形式应符合下列规定（《规范》第 5.6.1 条）：

1）桁架和支撑杆件与节点板的连接节点宜采用图 1-12 所示的形式；当杆件承受拉力时，焊缝应在搭接杆件节点板的外边缘处提前终止，间距 a 应不小于 h_f。

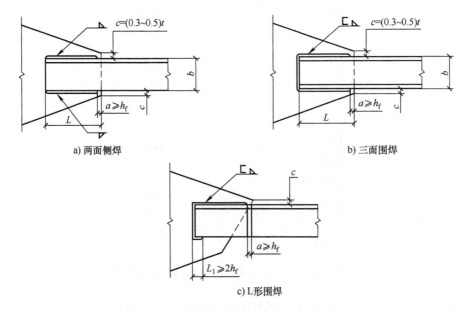

a) 两面侧焊　　　b) 三面围焊

c) L形围焊

图 1-12　桁架和支撑杆件与节点板的连接节点

2）型钢与钢板搭接，其搭接位置应符合图 1-13 的要求。

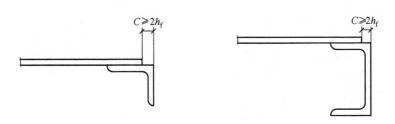

图 1-13　型钢与钢板搭接节点

3）搭接接头上的角焊缝应避免在同一搭接接触面上相交（图 1-14）。

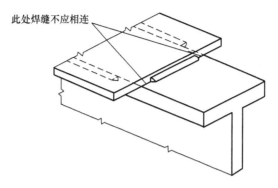

图 1-14　在搭接接触面上避免相交的角焊缝

4）要求焊缝与母材等强和承受动荷载的对接接头，其纵横两方向的对接焊缝，宜采用 T 形交叉；交叉点的距离不宜小于 200mm，且拼接料的长度和宽度不宜小于 300mm（图 1-15）；如有特殊要求，施工图应注明焊缝的位置。

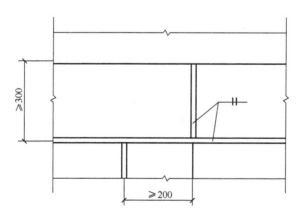

图 1-15　对接接头 T 形交叉

5）角焊缝做纵向连接的部件，如在局部荷载作用区采用一定长度的对接与角接组合焊缝来传递载荷，在此长度以外坡口深度应逐步过渡至零，且过渡长度不应小于坡口深度的 4 倍。

6）焊接箱形组合梁、柱的纵向焊缝，宜采用部分焊透或全焊透的对接焊缝（图 1-16a）。要求全焊透时，应采用衬垫单面焊（图 1-16b）。

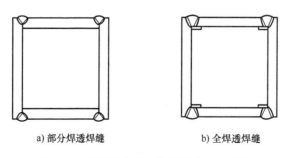

a）部分焊透焊缝　　　　　　　b）全焊透焊缝

图 1-16　箱形组合梁、柱的纵向组装焊缝

7）只承受静荷载的焊接组合 H 型梁、柱的纵向连接焊缝，当腹板厚度大于 25mm 时，宜采用全焊透焊缝或部分焊透焊缝（图 1-17）。

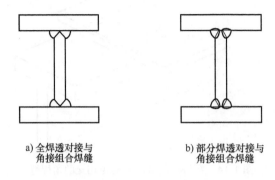

a) 全焊透对接与角接组合焊缝　　　b) 部分焊透对接与角接组合焊缝

图 1-17　全焊透及部分焊透对接与角接组合焊缝

8）箱形柱与隔板的焊接，应采用电弧焊（图 1-18a）。对无法进行电弧焊焊接的焊缝，宜采用电渣焊焊接，且焊缝宜对称布置（图 1-18b）。

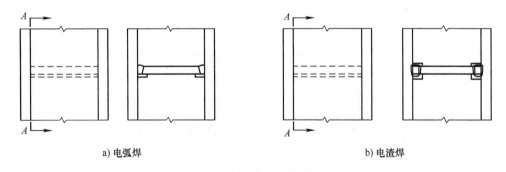

a) 电弧焊　　　　　　　　　　　　b) 电渣焊

图 1-18　箱形柱与隔板的焊接接头形式

9）钢管混凝土组合柱的纵向和横向焊缝，应采用双面或单面全焊透接头形式（高频焊除外），纵向焊缝焊接接头形式见图 1-19。

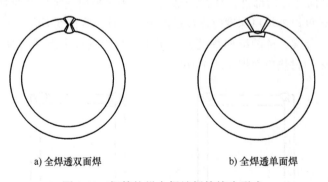

a) 全焊透双面焊　　　　　　　　　b) 全焊透单面焊

图 1-19　钢管柱纵向焊缝焊接接头形式

10）管 - 球结构中，对由两个半球焊接而成的空心球，采用不加肋和加肋两种形式时，其构造见图 1-20。

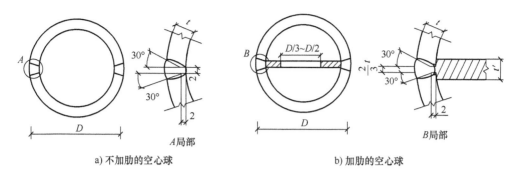

　　a) 不加肋的空心球　　　　　　　　　　　b) 加肋的空心球

图 1-20　空心球制作焊接接头形式

1.1.6　现场焊接工艺

1. 母材准备

《规范》第 7.1.1 ～ 7.1.5 条对母材准备做了如下规定：

1）母材上待焊接的表面和两侧应均匀、光洁，且应无毛刺、裂纹和其他对焊缝质量有不利影响的缺陷。待焊接的表面及距焊缝坡口边缘位置 30mm 范围内不得有影响正常焊接和焊缝质量的氧化皮、锈蚀、油脂、水等杂质。

2）焊接接头坡口的加工或缺陷的清除可采用机加工、热切割、碳弧气刨、铲凿或打磨等方法。

3）采用热切割方法加工的坡口表面质量应符合现行行业标准《热切割　质量和几何技术规范》（JB/T 10045—2017）的有关规定。钢材厚度不大于 100mm 时，割纹深度不应大于 0.2mm；钢材厚度大于 100mm 时，割纹深度不应大于 0.3mm。

4）割纹深度超过上面的规定，以及坡口表面上的缺口和凹槽，应采用机械加工或打磨清除。

5）母材坡口表面切割缺陷需要进行焊接修补时，应根据《规范》中的相关规定制定修补焊接工艺，并应记录存档；调质钢及承受动荷载需经疲劳验算的结构，母材坡口表面切割缺陷的修补还应报监理工程师批准后方可进行。

2. 焊接材料要求

《规范》第 7.2.1、7.2.2、7.2.4、7.2.5 和 7.2.6 条对焊接材料要求做了如下规定：

1）焊接材料熔敷金属的力学性能不应低于相应母材标准的下限值或满足设计文件要求。

2）焊接材料贮存场所应干燥、通风良好，应由专人保管、烘干、发放和回收，并应有详细记录。

3）焊剂的烘干应符合下列要求：

① 使用前应按制造厂家推荐的温度进行烘焙，已受潮或结块的焊剂严禁使用。

② 用于焊接Ⅲ、Ⅳ类钢材的焊剂，烘干后在大气中放置时间不应超过 4h。

4）焊丝和电渣焊的熔化或非熔化导管表面以及栓钉焊接端面应无油污、锈蚀。

5）栓钉焊瓷环保存时应有防潮措施，受潮的焊接瓷环使用前应在 120 ～ 150℃范围内烘焙 1 ～ 2h。

3. 焊接材料的匹配

焊接不同类别钢材时，焊接材料的匹配应符合设计要求，常用钢结构钢材采用焊条电弧焊、CO_2 气体保护焊和埋弧焊进行焊接时，焊接材料可按《规范》表 7.2.7 的规定选用。

4. 定位焊

《规范》7.4.1～7.4.5 条对定位焊做了如下规定：

1）定位焊必须由持相应资格证书的焊工施焊，所用焊接材料应与正式焊缝的焊接材料相当。

2）定位焊缝附近的母材表面质量应符合《规范》第 7.1 节的规定。

3）定位焊缝厚度不应小于 3mm，长度不应小于 40mm，其间距宜为 300～600mm。

4）采用钢衬垫的焊接接头，定位焊宜在接头坡口内进行；定位焊焊接时预热温度宜高于正式施焊预热温度 20～50℃；定位焊缝与正式焊缝应具有相同的焊接工艺和焊接质量要求；定位焊焊缝存在裂纹、气孔、夹渣等缺陷时，应完全清除。

5）对于要求疲劳验算的动荷载结构，应根据结构特点和定位焊的要求制定定位焊工艺文件。

5. 焊接环境

《规范》7.5.1～7.5.4 条对焊接环境做了如下规定：

1）焊条电弧焊和自保护药芯焊丝电弧焊，其焊接作业区最大风速不宜超过 8m/s，气体保护电弧焊不宜超过 2m/s。如果超出上述范围，应采取有效措施以保障焊接电弧区域不受影响。

2）当焊接作业处于下列情况之一时严禁焊接：①焊接作业区的相对湿度大于 90%；②焊件表面潮湿或暴露于雨、冰、雪中；③焊接作业条件不符合现行国家标准《焊接与切割安全》（GB 9448—1999）的有关规定。

3）焊接环境温度低于 0℃但不低于 −10℃时，应采取加热或防护措施，应确保接头焊接处各方向不小于 2 倍板厚且不小于 100mm 范围内的母材温度，不低于 20℃或规定的最低预热温度二者的较高值，且在焊接过程中不应低于这一温度。

4）焊接环境温度低于 −10℃时，必须进行相应焊接环境下的工艺评定试验，并应在评定合格后再进行焊接，如果不符合上述规定，严禁焊接。

6. 引弧板、引出板和衬垫

《规范》7.9.1～7.9.5 条对引弧板、引出板和衬垫做了如下规定：

1）引弧板、引出板和钢衬垫板的钢材应符合《规范》第 4 章的规定，其强度不应大于被焊钢材强度，且应具有与被焊钢材相近的焊接性。

2）在焊接接头的端部应设置焊缝引弧板、引出板，应使焊缝在提供的延长段上引弧和终止。焊条电弧焊和气体保护电弧焊焊缝引弧板、引出板长度应大于 25mm，埋弧焊引弧板、引出板长度应大于 80mm。

3）引弧板和引出板宜采用火焰切割、碳弧气刨或机械等方法去除，去除时不得伤及母材并将割口处修磨至与焊缝端部平整。严禁使用锤击去除引弧板和引出板。

4）衬垫材质可采用金属、焊剂、纤维、陶瓷等。

5）当使用钢衬垫时，应符合下列要求：

① 钢衬垫应与接头母材金属贴合良好，其间隙不应大于 1.5mm。

② 钢衬垫在整个焊缝长度内应保持连续。

③ 钢衬垫应有足够的厚度以防止烧穿。用于焊条电弧焊、气体保护电弧焊和自保护药芯焊丝电弧焊焊接方法的衬垫厚度不应小于 4mm；用于埋弧焊焊接方法的衬垫厚度不应小于 6mm；用于电渣焊焊接方法的衬垫厚度不应小于 25mm。

④ 应保证钢衬垫与焊缝金属熔合良好。

1.1.7　焊缝符号的表示

焊缝符号是设计者用来表示对焊缝的规定和要求的符号，焊接技术人员和焊工必须认识和熟悉，以便按图样上标注的焊缝符号正确施焊，参考现行国家标准 GB/T 324—2008《焊缝符号表示法》的规定。

1. 基本符号

焊缝的基本符号表示焊缝横截面的基本形式或特征，见表 1-12。

表 1-12　焊缝的基本符号

序号	名称	示意图	符号
1	卷边焊缝（卷边完全熔化）		 八
2	I 形焊缝		‖
3	V 形焊缝		V
4	单边 V 形焊缝		 V
5	带钝边 V 形焊缝		Y
6	带钝边单边 V 形焊缝		 Y
7	带钝边 U 形焊缝	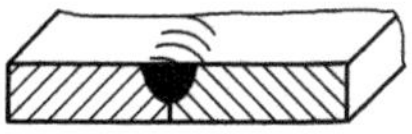	 Y
8	带钝边 J 形焊缝	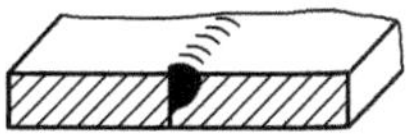	 Y
9	封底焊缝	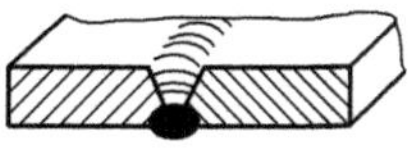	⌣

17

（续）

序号	名称	示意图	符号
10	角焊缝		
11	塞焊缝或槽焊缝		
12	点焊缝		
13	缝焊缝		
14	陡边 V 形焊缝		
15	陡边单边 V 形焊缝		
16	端焊缝		
17	堆焊缝		

（续）

序号	名称	示意图	符号
18	平面连接（钎焊）	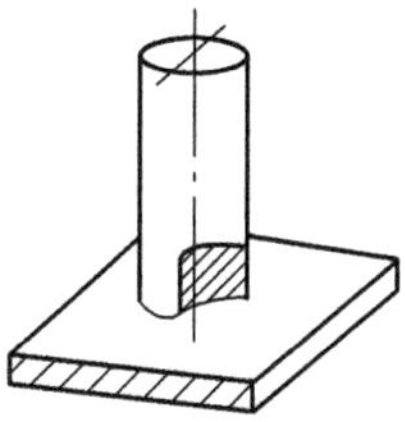 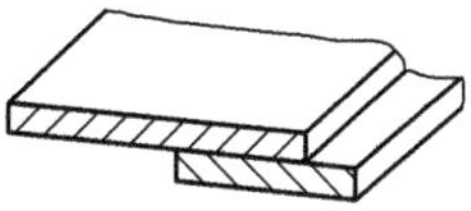	=
19	斜面连接（钎焊）	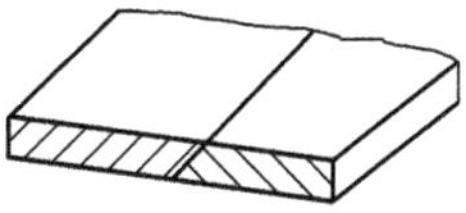	//
20	折叠连接（钎焊）	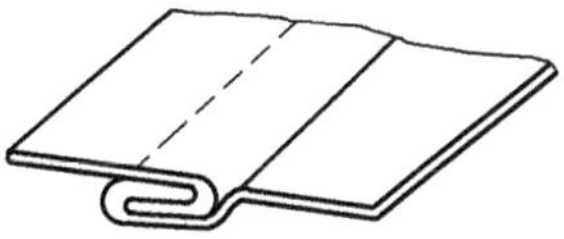	 ⊃

2. 基本符号的组合

标注双面焊焊缝或接头时，基本符号可以组合使用，见表 1-13。

表 1-13　基本符号的组合

序号	名称	示意图	符号
1	双面 V 形焊缝（X 形焊缝）	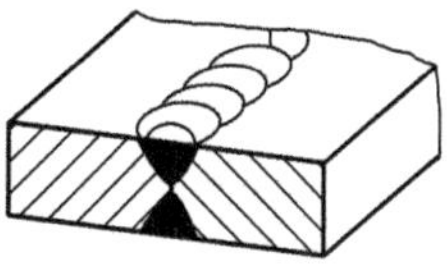	X
2	双面单边 V 形焊缝（K 焊缝）	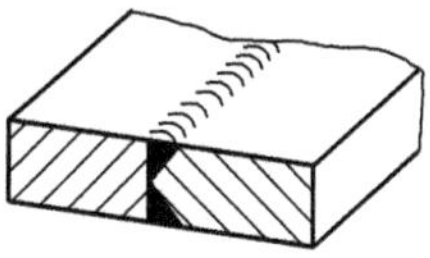	K
3	带钝边的双面 V 形焊缝	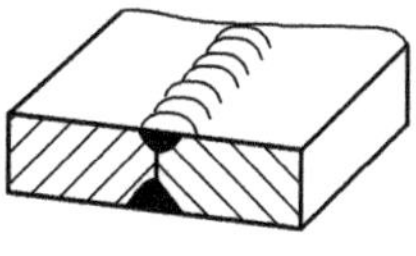	 X

（续）

序号	名称	示意图	符号
4	带钝边的双面单边 V 形焊缝	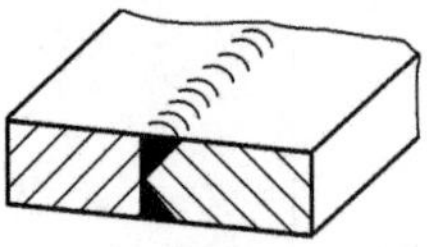	 K
5	双面 U 形焊缝	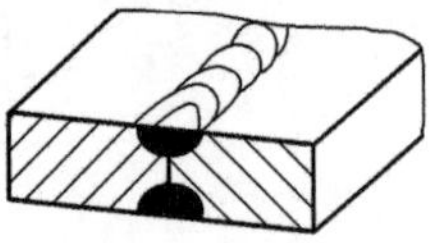	 Ⅹ

3. 补充符号

焊缝的补充符号用来补充说明有关焊缝或接头的某些特征（诸如表面形状、衬垫、焊缝分布、施焊地点等），见表 1-14。

表 1-14　焊缝的补充符号

序号	名称	符号	说明
1	平面	———	焊缝表面通常经过加工后平整
2	凹面	 ⌣	焊缝表面凹陷
3	凸面	 ⌒	焊缝表面凸起
4	圆滑过渡	 ⌣⌒	焊趾处过渡圆滑
5	永久衬垫	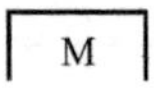 ⎡M⎤	衬垫永久保留
6	临时衬垫	 ⎡MR⎤	衬垫在焊接完成后拆除
7	三面焊缝	⊏	三面带有焊缝
8	周围焊缝	○	沿着工件周边施焊的焊缝 标注位置为基准线与箭头线的交点处
9	现场焊缝	 ⚑	在现场焊接的焊缝
10	尾部	 ＜	可以表示所需的信息

焊缝的补充符号的应用示例见表 1-15。

表 1-15　焊缝的补充符号的应用示例

示意图	标注示例	说明
		表示 V 形焊缝的背面底部有垫板
	焊条电弧焊	工件三面带有焊缝，焊接方法为焊条电弧焊
		表示在现场沿工件周围施焊

4. 基本符号和指引线的位置规定

在焊缝符号中，基本符号和指引线为基本要素。焊缝的准确位置通常由基本符号和指引线之间的相对位置决定，具体位置包括：

1）箭头线的位置。

2）基准线的位置。

3）基本符号的位置。

（1）指引线

指引线由箭头线和基准线（实线和虚线）组成，见图 1-21。

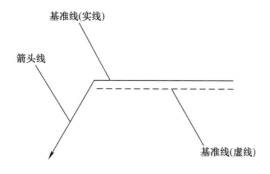

图 1-21　指引线

（2）箭头线

箭头直接指向的接头侧为"接头的箭头侧"，与之相对的则为"接头的非箭头侧"，见图 1-22。

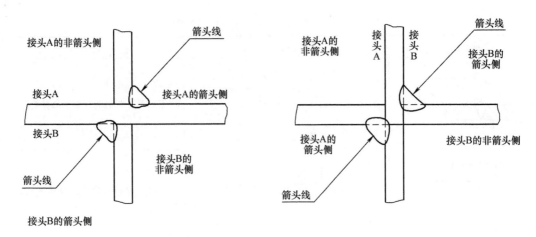

图 1-22　接头的"箭头侧"及"非箭头侧"示例

（3）基准线

基准线一般应与图样的底边平行，必要时可以与底边垂直。实线和虚线的位置可根据需要互换。

箭头线的位置一般没有特殊要求，见图 1-23a、b；但是标注单边 V 形焊缝、带钝边的单边 V 形焊缝和 J 形焊缝时，箭头线应指向带坡口一侧的工件，见图 1-23c、d；必要时，允许箭头线弯折一次，见图 1-24。

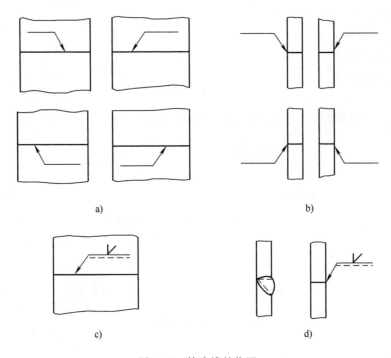

图 1-23　箭头线的位置

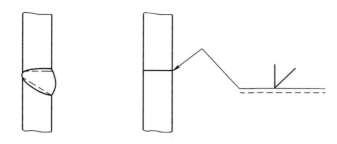

图 1-24　弯折的箭头线

（4）基本符号与基准线的相对位置

1）基本符号在实线侧时，表示焊缝在箭头侧，见图 1-25a。

2）基本符号在虚线侧时，表示焊缝在非箭头侧，见图 1-25b。

3）对称焊缝允许省略虚线，见图 1-25c。

4）在明确焊缝分布位置的情况下，有些双面焊缝也可省略虚线，见图 1-25d。

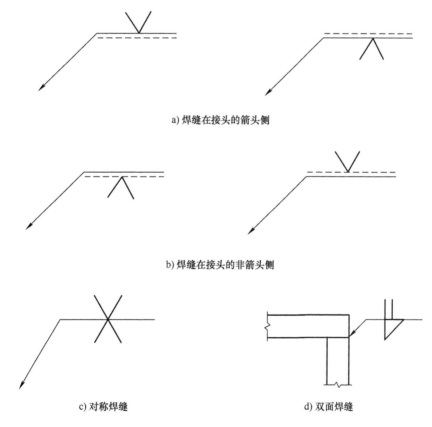

a) 焊缝在接头的箭头侧

b) 焊缝在接头的非箭头侧

c) 对称焊缝　　　　　　　　　　　d) 双面焊缝

图 1-25　基本符号与基准线的相对位置

5. 尺寸及标注

（1）一般要求

必要时，可以在焊缝符号中标注尺寸，尺寸符号见表 1-16。

表 1-16　尺寸符号

符号	名称	示意图	符号	名称	示意图
δ	工件厚度	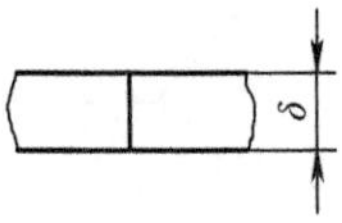	c	焊缝宽度	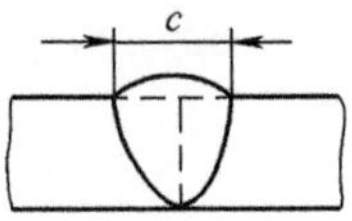
α	坡口角度	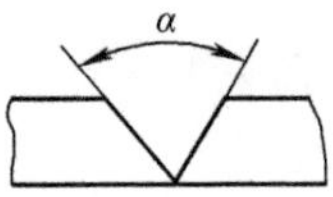	K	焊脚尺寸	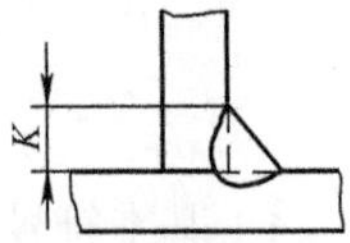
β	坡口面角度	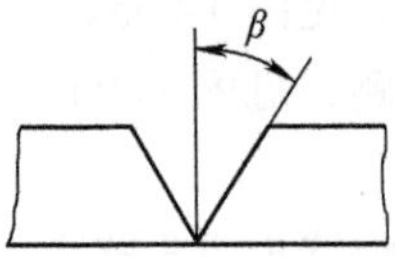	d	点焊：熔核直径 塞焊：孔径	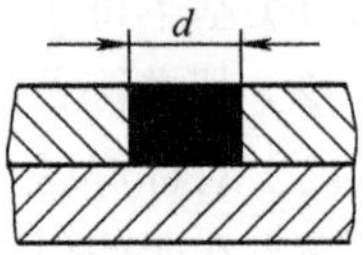
b	根部间隙	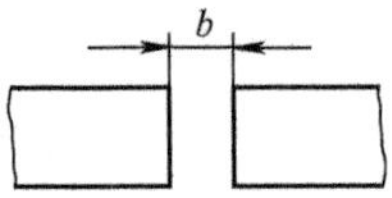	n	焊缝段数	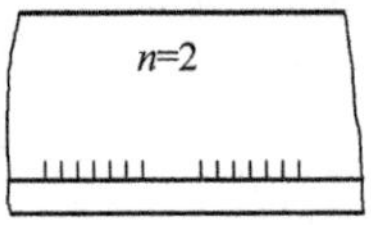
p	钝边	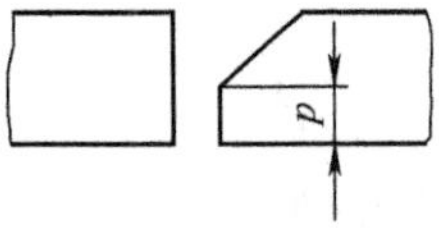	l	焊缝长度	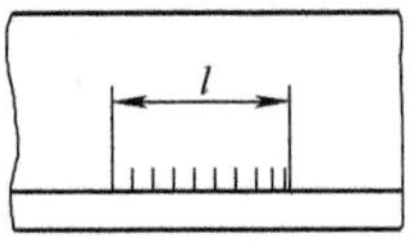
R	根部半径	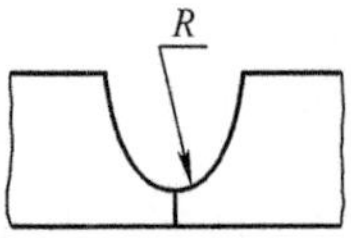	e	焊缝间距	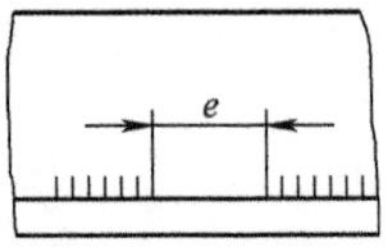
H	坡口深度	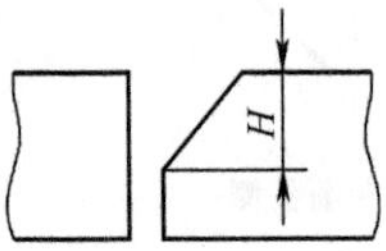	N	相同焊缝数量	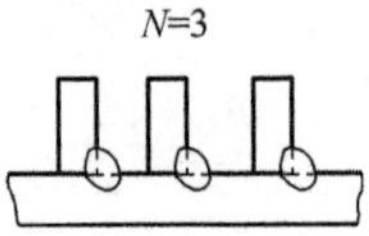
S	焊缝有效厚度	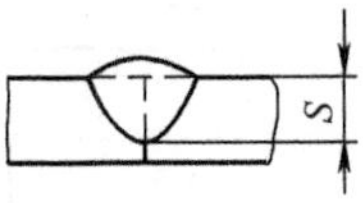	h	余高	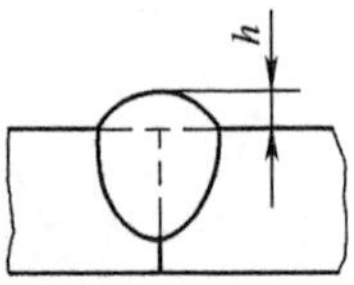

（2）标注规则

尺寸标注方法见图 1-26。

1）横向尺寸标注在基本符号的左侧。

2）纵向尺寸标注在基本符号的右侧。

3）坡口角度、坡口面角度、根部间隙标注在基本符号的上侧或下侧。

4）相同焊缝数量标注在尾部。

5）当尺寸较多不易分辨时，可在尺寸数据前标注相应的尺寸符号。

当箭头线方向改变时，上述规则不变。

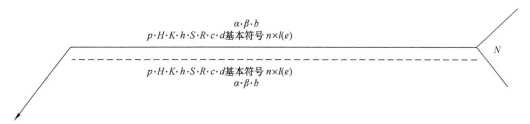

图 1-26　尺寸标注方法

（3）关于尺寸的其他规定

1）确定焊缝位置的尺寸不在焊缝符号中标注，应将其标注在图样上。

2）在基本符号的右侧无任何尺寸标注又无其他说明时，意味着焊缝在工件的整个长度方向上是连续的。

3）在基本符号的左侧无任何尺寸标注又无其他说明时，意味着对接焊缝应完全焊透。

4）塞焊缝、槽焊缝带有斜边时，应标注其底部的尺寸。

焊缝标注举例见图 1-27 ~ 图 1-29。

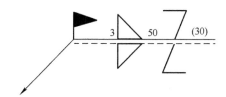

图 1-27　焊缝标注（一）

注：焊脚尺寸 3mm，交错焊缝，焊缝长 50mm，间隔 30mm，现场配焊。

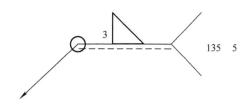

图 1-28　焊缝标注（二）

注：焊脚尺寸 3mm，周围满焊，采用熔化极非惰性气体保护焊进行焊接，共有 5 处。

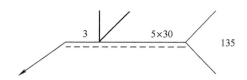

图 1-29　焊缝标注（三）

注：焊脚尺寸 3mm，平面单边 V 形焊缝，焊缝长 30mm，共 5 段，采用熔化极非惰性气体保护焊进行焊接。

1.2 焊接电弧

1.2.1 焊接电弧的特性

焊接电弧是由焊接电源供给的，具有一定电压的两电极间或电极与母材间，在气体介质中产生的强烈而持久的放电现象。

焊条电弧焊的电弧引燃采用的是短路接触引弧。操作中，将焊条与焊件接触发生短路，由于接触电阻较大，在极短时间内产生大量的热，使焊条末端和焊件表面迅速被加热而熔化。随后，稍微提起焊条，此时因焊条与焊件之间存在着强电场，电子发射和电离过程迅速进行。

在电弧电压作用下，这些带电质点按一定方向移动，电子和离子又与气体原子相碰撞，使气体原子电离而成为导体，形成电弧放电。大量离子的高速碰撞，使动能转变为热能，使金属熔化。

1. 电弧产生和维持的两个必要条件

电弧产生和维持的两个必要条件是电子发射和气体电离。

（1）电子发射

电子发射就是电子从金属中发射出来的现象。为了使电子脱离金属表面，需要外界给以一定的能量，通常把使电子从金属中发射出来所需要的能量称为逸出功，单位是电子伏特（eV）。几种元素的逸出功见表 1-17。

表 1-17 几种元素的逸出功 （单位：eV）

元素	K 钾	Na 钠	Ca 钙	Mg 镁	Al 铝	Fe 铁	C 碳	Cu 铜	W 钨
逸出功	2.02	2.12	3.34	3.74	3.95	4.79	4.81	4.82	5.36

逸出功数值越大，表示发射电子越困难。电子发射不仅与金属材料本身有关，还与表面形状等有关。例如，尖的金属表面比较容易发射电子。

（2）气体电离

在两电极空隙中的气体形成带电质点（电子、阴离子和阳离子）的过程称为气体电离。使原子得到或失去电子而消耗的能量称为电离功，单位是电子伏特（eV）。几种元素的电离功见表 1-18。

表 1-18 几种元素的电离功 （单位：eV）

元素	K 钾	Na 钠	Ba 钡	Ca 钙	Ti 钛	Mn 锰	Fe 铁	H 氢	O 氧	N 氮	Ar 氩	F 氟	Ne 氖	He 氦
电离功	4.33	5.11	5.19	6.10	6.80	7.40	7.83	13.5	13.6	14.5	15.7	16.9	21.5	24.5

电离功的大小取决于各种元素原子性质。电离现象不但发生在气体元素中，也发生于某些金属元素的蒸汽中，金属钾、钠、钙、钡等具有较小的电离功，说明这些金属原子中，电子与原子核的联系比较弱，容易游离出来而成为带电质点。焊条药皮中经常加入一些碱土金属，使焊条容易引燃电弧，并使电弧稳定燃烧。

2. 电弧的静特性

普通电阻通过电流 I 的大小与电阻两端的电压 U 降成正比例，其比值一般情况下是不变的常数，即电阻值 R 用欧姆来计量，用欧姆公式表示：$R = \dfrac{U}{I}$。图 1-30b 所示的直线称为普通电阻的静特性。

电弧作为电路的负载时，通过电弧的电流与电弧两端的电压降比值不是固定不变的，见图 1-30a，该曲线称为电弧的静特性。

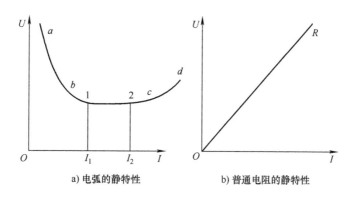

a) 电弧的静特性　　　　　　　b) 普通电阻的静特性

图 1-30　静特性曲线

注：a—b 为下降静特性段；b—c 为平静特性段；c—d 为上升静特性段。

电弧静特性说明，只有电弧电压、电弧电流与静特性上某一点电压和电流值相一致时，电弧才有可能燃烧。曲线外的任一点，电弧是不能存在的。电弧焊时，常用的电流范围是图 1-30a 中的 b—c 段，即当电流改变时，例如 $I_2 > I_1$ 时电弧电压几乎不发生变化。

但是，当电弧长度发生变化时，电弧的静特性曲线也随之变化。这种变化是上下平移，即电弧长时，电弧电压相应加大，反之亦然。图 1-31 所示为不同电弧长度的静特性分布曲线。

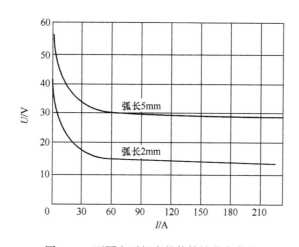

图 1-31　不同电弧长度的静特性分布曲线

电弧被引燃后，要使其稳定持久燃烧下去，需要在两电极之间保持一定数值的电压，称为电弧电压。电弧电压与所用的电极材料、气体成分和使用方法等因素有关，一般在21~35V（伏）之间。

3. 焊接熔池

在电弧高热作用下，焊条和焊件金属被局部加热，开始熔化。由于热能和气体吹力的作用，在焊件金属熔液表面形成一个近似椭圆形的凹坑，称为焊接熔池，见图1-32。借助电弧气体吹力和焊条相对焊件的倾斜角度，金属熔液有向周围漫延，并稍有溢出的倾向，使熔池底部继续深入熔化，达到一定的熔化深度，一般称之为"熔池深度"，简称"熔深"。同时，由于焊条金属熔滴过渡，将凹坑逐渐填满，形成稍有凸起的焊缝。

除此之外，熔池还有熔池长度、熔池宽度。焊接熔池的尺寸是由焊条直径、焊接电流、电弧电压、焊接速度等焊接参数，以及焊接位置、接头形式、焊条摆动方法决定的，一般熔深为1~7mm。

熔池中的金属熔液是由焊件金属和焊条金属熔化后组成的。随着电弧的移动，熔池金属以波浪形式推进，冷却凝固后形成"焊缝金属"。焊缝金属的力学性能取决于焊件金属和焊条金属，以及焊条药皮的成分，同时，也与焊接过程中所采取的工艺措施有关。焊缝表面形成鱼鳞状焊波。

4. 焊条金属的熔滴过渡

焊条由短路引弧，而后稳定燃烧使焊条下端部熔化，然后逐渐变成熔滴，熔滴尺寸加大，产生一个逐渐变细的颈部，由于强大电流通过，使熔滴脱离焊条与熔池接触而发生短路，最后熔滴落入熔池，电弧又重新燃烧，并形成另一熔滴。焊条药皮经熔化后大部分变成熔渣，与金属熔滴一起过渡到熔池，覆盖于熔池表面，冷却凝固后，熔渣变成焊渣。敲掉焊渣，露出焊缝，这就是焊条金属的熔滴过渡，见图1-32。

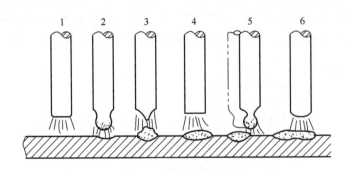

图1-32　焊条金属的熔滴过渡

1.2.2　焊接电弧的构造及热影响区

1. 焊接电弧的构造及热分布

焊接电弧的构造由阴极区、弧柱区和阳极区三部分组成，见图1-33。

阴极区是指阴极的白热部分，在阴极区白热部分表面的亮点，称为阴极斑点。在直流电情况下，阴极区温度为2100~3200℃，所产生的热量约为整个电弧总热量的38%。

弧柱区是指两电极之间的间隙内放电部分。弧柱中心电流密度最大，电离程度较完全，温度最高，一般为 5000～6000℃，所产生的热量约为整个电弧总热量的20%。

阳极区是指阳极的高温白热部分。在阳极区内也有阳极斑点，阳极斑点被电子冲击及电子中和而析出大量的热能，约为整个电弧总热量的42%，其温度为 2000～4000℃。

使用交流电源进行焊接时，由于正负极经常变换，两极间的热量和温度分布大致相等。

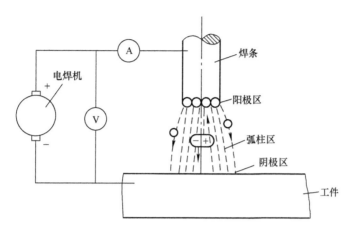

图 1-33 焊接电弧的构造

2. 焊接接头

焊接接头由焊缝、熔合区、热影响区及基体金属（母材）共四部分组成，见图1-34。

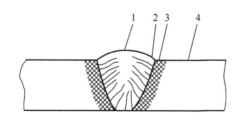

图 1-34 焊接接头

1—焊缝 2—熔合区 3—热影响区 4—基体金属

（1）焊缝

熔化的金属随着电弧的前移而逐渐冷却，以熔池中固体金属壁半熔化晶粒为结晶核心，开始向熔池内结晶，结晶方向与散热方向相反，形成柱状（树枝状）结晶，见图1-35a。夹杂在熔池中的低熔点杂质，如硫化铁，在结晶过程中被排挤到最后凝固，如果焊缝形状是狭窄而深长，则杂质不易排出，见图1-35b。如果焊缝是宽而浅，则杂质容易浮到熔池上部，见图1-35c。

（2）熔合区

熔合区是指焊缝与热影响区相互过渡的区域，很狭窄，是焊接接头中的薄弱环节，在这个区域中，由液态金属凝固和未曾熔化的固态金属混合组成。熔合区强度、塑性、韧性极差，是裂纹和局部脆断的发源地。

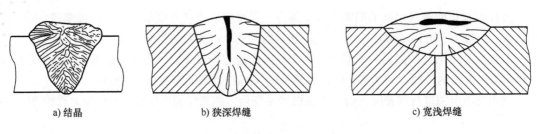

a) 结晶　　　　　　　　b) 狭深焊缝　　　　　　　c) 宽浅焊缝

图 1-35　焊缝金属结晶和杂质分布

（3）热影响区（HZA）

在电弧高温的影响下，靠近焊缝的母材金属（基体金属）的内部组织发生变化，其力学性能也随着改变。焊件上离开焊缝中心各部分温度分布大致如图 1-36 所示。靠近焊缝处温度很高，稍向外移，温度就迅速下降，所以热影响区各部分金属组织也各不相同，低碳钢热影响区又可分为过热区、正火区和不完全正火区。

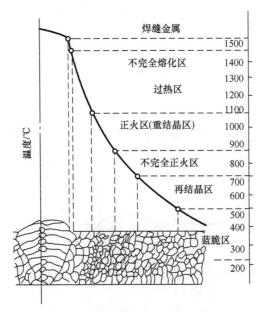

图 1-36　低碳钢焊件的热影响区

1）过热区。这个区域内金属被加热到 1100℃以上，晶粒粗大，形成脆性组织。力学性能差，塑性和韧性很低，是裂纹的发源地。

2）正火区。这个区域内金属被加热到 900～1100℃，冷却时产生正火组织，晶粒变细，力学性能好，优于母材。

3）不完全正火区（不完全相变区、部分相变区）。加热时温度为 700～900℃，冷却后，一部分晶粒较细，曾经发生相变和重结晶，另一部分未发生相变，晶粒稍粗。力学性能较母材稍差。

对于含碳量较高的钢材及低合金高强度结构钢，因其淬火性能较强，焊缝及过热区容易出现淬火组织，塑性、韧性降低。

热影响区的大小取决于焊接方法和热输入。对于焊条电弧焊来说，热影响区宽度较小，一般为 6～8mm；对于埋弧焊来说，热影响区宽度就较大。

1.2.3　焊接电弧的热循环

1. 焊接热循环

焊接时焊件在加热和冷却过程中温度随时间变化的过程称为热循环。焊件上不同位置处所经历的热循环是不同的。离焊缝越近的位置，被加热到的最高温度越高；反之，越远的位置，被加热的温度越低。图 1-37 为热影响区靠近焊缝的某个点的热循环曲线。在焊接热循环作用下，焊接接头的组织发生变化，焊件产生应力和变形。

图 1-38 为焊接热场（等温线）示意图。在整个焊接热循环过程中，起重要影响的因素有加热速度、最高加热温度 T_{max}、高温停留时间 t_g 以及冷却速度等。其主要特点是加热和冷却速度都很快，一般可用两个指标反映焊接热循环的特点：

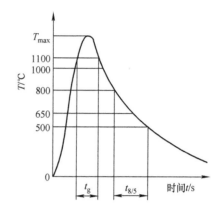

图 1-37　焊接热循环曲线

T_{max}—最高加热温度　t_g—高温停留时间
$t_{8/5}$—从 800℃下降到 500℃的时间

1）加热到 1100℃以上区域的宽度，或在 1100℃以上停留的时间 t_g。

2）800℃→500℃的冷却时间 $t_{8/5}$。

焊缝和热影响区的组织和性能，不仅与加热过程中达到的最高温度及高温停留时间有关，而且与焊后冷却速度的快慢有直接关系。在 1100℃以上停留时间越长，过热区越宽，晶粒粗化越严重，金属的塑性和韧性就越差。当钢材有一定淬硬倾向时，冷却速度过快可能形成淬硬组织，容易产生焊接裂纹。

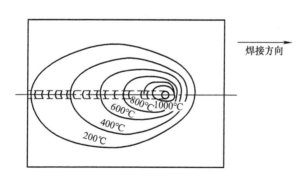

图 1-38　焊接热场（等温线）示意图

2. 影响焊接热循环的因素

影响焊接热循环的因素有焊接参数和热输入、预热和层间温度、板厚（圆钢直径）、接头形式以及材料本身的导热性能等。

（1）焊接参数和热输入

电弧焊的焊接参数如电流、电压和焊接速度等，对焊接热循环有很大影响，焊接电流与电弧电压的乘积就是电弧的功率。当其他条件不变时，电弧功率越大，加热范围越大。在同样大小电弧功率下，焊接速度不同，热循环过程也不同，焊接速度快时，加热时间短，加热范围窄，冷却得快；焊接速度慢时，则相反。

热输入综合考虑了焊接电流、电弧电压和焊接速度三个参数对热循环的影响。热输入 q 为单位长度焊缝内输入的焊接热量：

$$q = \frac{IU}{v}$$

式中　I——焊接电流，单位为 A；

　　　U——电弧电压，单位为 V；

　　　v——焊接速度，单位为 mm/s；

　　　q——热输入，单位为 J/mm。

计算热输入的另一公式：

$$q = \frac{36IU}{v}$$

式中　I——焊接电流，单位为 A；

　　　U——电弧电压，单位为 V；

　　　v——焊接速度，单位为 m/h；

　　　q——热输入，单位为 J/cm。

以上两个计算公式本质是一样的，都可以采用，所得的结果也一样。其差别在于焊接速度的单位不一样，前者是 mm/s，后者是 m/h；热输入的单位也不一样，前者是 J/mm，后者是 J/cm。因此使用热输入公式时，要特别注意，不要把单位弄错。

实际上，在焊接过程中，还有相当一部分的热量散失于空气中。因此，真正的热输入值还应该再乘以一个有效系数。对于焊条电弧焊来说，该系数一般可取 0.7。生产中根据钢材成分等因素，在保证焊缝成形良好的前提下，适当调节焊接参数，以合适的热输入焊接，可以保证焊接接头具有良好性能。工件装配定位焊时，由于定位焊缝短，截面积小，冷却速度快，容易产生裂纹，应多加注意。

（2）预热和层间温度

焊接有淬硬倾向的钢材时，往往焊前需要预热。预热的主要目的是降低焊缝和热影响区的冷却速度，减小淬硬倾向，防止冷裂纹。

层间温度是指多层多道焊时，后一层（道）焊缝焊接前，前层（道）焊缝的最低温度。对于要求预热焊接的钢材，一般层间温度应等于或略高于预热温度。控制层间温度也是为了降低冷却速度，并可促进扩散氢逸出焊接区，有利于防止产生裂纹。

3. 其他因素的影响

除热输入、预热温度和层间温度对焊接热循环有很大影响外，板厚、接头形式和材料的导热性等对焊接热循环也有影响。

钢板厚度增大时，刚度增大，冷却速度加快，高温停留时间缩短。

1.2.4　焊接冶金缺陷和冶金保护措施

1. 焊接冶金缺陷

（1）氧化

在焊接过程中，由焊条金属、药皮和弧柱组成的气流，靠近电弧周围的空气，以及焊件金属表面的铁锈、油污、水分等所分解出来的氢、氧、氮、一氧化碳、二氧化碳、水蒸气和金属蒸汽等，因强烈受热而分解成为氧原子和氮原子，它们能溶解于液态金属中，温度越高，溶解度越高。此外，氧、氮和铁有着很强的亲和力，在熔滴过渡时便产生氧化和氮化，而以氧化物或氮化物形式夹杂在液态金属中，如未及时浮出，成为产生夹渣的另一原因。

氧还能和碳、锰、硅、铬、钨等元素发生化学作用，使这些元素的一部分被氧化烧损，而形成氧化物熔渣，从液体熔池中浮出，但也有可能夹杂在焊缝金属中。

电弧长度提高，焊缝中含氧量增加，其强度、塑性、韧性则降低，脆性会增加，并会发生剧烈的飞溅。弧长缩短，焊缝的含氧量减少。所以焊工在操作中，特别是当采用低氢型焊条时，一定要短弧焊接。

（2）氮化

在高温时，氮以原子状态溶解到液态金属中，或者以一氧化氮的形式，随着熔滴过渡到熔池中，与铁反应生成氮化铁。电弧长度越长，熔化金属与氮接触的机会越多，焊缝金属的氮化现象越严重。在高温时，氮与硅、锰等能生成稳定的氮化物，因此，在焊芯或药皮中加入铝、锰、钒、钛、硅等元素，可以减少氮的影响。

当焊缝中存在氮时，其屈服强度、抗拉强度、弹性及硬度会有所提高，而伸长率、断面收缩率、冲击韧度会有所降低。

（3）氢化

在焊接过程中，氢原子、氢离子极易溶解于液态金属中，温度越高，溶解量越大。随着温度的降低，氢的溶解量大大减少。如果溶入过多氢或冷却速度太快，那么在熔池金属冷却结晶时，过量的氢一部分便向外逸出，而另一部分则从金属内部微孔隙中析出，扩散于焊缝金属组织的内部。这后一部分氢称为"扩散氢"。扩散氢的存在，使焊缝金属内极易产生以氢为主的气孔和冷裂纹等缺陷。当焊缝金属受到拉伸、弯曲等缓慢塑性变形时，金属内部的氢迅速聚集在缺陷处形成"白点"，造成脆化，这就是焊缝金属的氢脆性。

2. 冶金保护措施

防止焊接过程中液态金属的氧化与氮化，最好的办法是对金属熔滴及焊接熔池进行保护，或者在焊接过程中掺合金元素。

（1）造气保护

在焊条电弧焊时，通常在焊条药皮中加入产生气体的物质，如淀粉、纤维物、大理石、木粉等。在电弧的燃烧下，这些物质分解出气体，形成一股气流，包围在电弧的周围，防止空气与熔化金属相接触，减少熔化金属的氧化及氮化的作用。但是，这些气体本身具有一定的氧化性，因此熔化金属仍将发生一定的氧化现象，然而氮化现象则大大减弱。

（2）造渣保护

焊条药皮中加入钛铁矿、钛白粉、金红石、长石、大理石、锰矿、萤石等，这些物质熔化后变成熔渣，包围在熔滴表面，隔离氧气和氮气的侵入，有效地防止金属熔滴在过渡过程中的氧化和氮化，熔滴落入熔池后，由于熔渣的密度较熔化金属轻，所以能浮在熔池金属的表面，使其免受空气的侵入。熔渣还能使熔池缓慢冷却，有利于溶解于金属熔池中的气体逸出。熔渣冷却后变成焊渣，还有利于高温的焊缝金属表面免受氧化。

（3）脱氧和脱氮

气体保护和熔渣保护不能完全消除熔化金属的氧化和氮化，因此通常在焊条药皮中加入硅铁、锰铁、钛铁、铬铁和钒铁等脱氧能力很强的物质。硅、锰、钛等物质在熔池中遇到氧化铁时，会夺取氧而使氧化铁还原为铁，并形成氧化硅和氧化锰，而以熔渣的形式浮在熔池表面。

（4）掺合金

为了进一步改善焊缝金属的力学性能，减少熔池中存在的有害成分，还可以在焊条药皮中加入硅、锰、钛等物质，使焊接熔池得到精炼并对烧损的合金元素进行补偿，从而使焊缝金属合金化，去除对焊缝有害的硫和磷等杂质。

从鸟巢看焊接

国家体育场"鸟巢"位于北辰东路西侧奥林匹克公园中心区南部，是 2008 年北京奥运会的主会场和 2022 年北京冬奥会的开闭幕式场馆。"鸟巢"钢结构工程具有十分强烈的挑战性和视觉冲击力，气势恢宏的钢铁建筑设计用钢 4.2 万吨，实际用钢 5.3 万吨。特殊的重型钢结构、高空大跨度马鞍形设计造型，不仅使结构变得十分复杂，而且造成难以控制的应力应变状态，这是目前全世界最复杂的钢结构工程，整个工程没有一个螺钉和铆钉，100% 全焊钢结构，所有构件的自重和作用力全都由焊缝承担，作为影响结构体系安全运营的焊接工序，质量要求之高是显而易见的。很显然，其专业排序为"一焊、二吊、三卸载"；真可谓："成也焊接、败也焊接"，令世人瞩目。

"鸟巢"钢结构焊接工程全面质量管理工作

全面质量管理是保证焊接质量的根本途径，没有有效的管理，再好的技术也难以实现，没有技术，再好的管理也是空谈。因此，建筑钢结构的质量管理应当有两大内涵，即管理基础工作和技术基础工作。两项基础工作的有机结合，才是国家体育场"鸟巢"钢结构工程的真实质量管理。

全面质量管理的核心是："三全、四个一切、五个管理要素"。

"三全"的管理思想：全面的质量概念、全过程的质量管理、全员参加的质量管理。"四个一切"的观点：一切为用户服务、一切以预防为主、一切以数据说话、一切以 PDCA 循环办事。"五个管理要素"：人、机、料、法、环。

"鸟巢"钢结构焊接工程一开始就以全面质量管理思想为核心，指导整个焊接工程的顺利进行。在进行技术准备时，首先建立国家体育场"鸟巢"钢结构焊接工程质量保证体系。所谓质量保证体系，就是采用 TQC 的基本思想，以提高焊缝质量、保证厚板焊缝一次合格率 100% 为目标，运用系统管理的概念和方法，把国家体育场"鸟巢"钢结构焊接工程的各个阶段、各个环节、每个管理人员和焊工的质量管理职能和质量管理意识以及实际操作工序有机、合理地组织起来，形成一个有明确任务、职责、权限而又互相协调、互相促进的团结的整体，从而顺利完成国家体育场"鸟巢"钢结构焊接工程的全部焊接工作。

大国工匠 - 焊接制造

高凤林：中国焊接第一人！没事焊一焊东风导弹，外企开 10 倍高薪也挖不走

高凤林，被誉为"中国焊接第一人"。曾经的他只是一位车间的普通焊接工人，做做焊接车床的工作，可是经过不懈地努力，不断提升技能，他成了焊接行业大师级的人物。现在，他的工作就是焊接航空运载火箭，值得一提的是，他没事的时候，打发时间的方式很出彩，那就是：焊一焊东风导弹。

干一行爱一行

高凤林，1962 年出生于河北东光。他从小勤奋好学，成绩优异，凭借着自己的努力考入了第七机械工业部第一研究院 211 厂技工学校，学习焊接技术，毕业之后直接进入了车间工作。起初，高凤林想要成为一个车床工人，没想到成了一名焊接工。虽然没有如愿得到自己梦想的工作，但是本着干一行爱一行的淳朴态度，高凤林还是全身心地投入到焊接工作当中。后来，他看到车间的前辈师傅在焊接火箭，高凤林一下子就被震撼了，他没想到原来普通的焊接工作竟然可以焊接火箭。为了提升自己的焊接技术，也可以成为焊接火箭的大神，在工作中，高凤林刻苦学习，不断从实践中积累经验、总结方法。在学习之余，高凤林坚持工作，积极参与了航天航空工业部的工作。终于，在坚持不懈地努力之下，高凤林从一个普通焊工晋升成为一名高级技师。被调入到航空领域工作之后，高凤林不断坚持自我提升。在 2000 年的时候，高凤林选择了为期三年的学习深造，成功进入北京理工大学，攻读计算机科学与技术，并获得学士学位。

航天事业的突破

由于现代新型的武器设备使用的都是新材料，之前的焊接方法不再适用，导致很多工作停滞，连"长征二号"振动大梁的焊接工作也遇到了瓶颈。此时，高凤林亲自出马，反复试验，不断尝试各种焊接方法，终于成功，保证了振动塔按时竣工。谁也没想到，从此之后，高凤林的名字便与中国航天事业密不可分了。在"长征五号"火箭的建造过程中，高凤林主要负责火箭发动机的焊接工作。发动机的焊接工作十分重要，对精细度的要求非常高。在焊接时，不仅要直视强光，还要求 10min 不能眨眼，而且焊接的部位非常微小，特别精细，就像蚕丝一样。虽然困难重重，但是高凤林却凭借着坚强的意志，连续焊接了 3 万次，完美完成了任务，保障了"长征五号"火箭的发射。从此，高凤林成为焊接运载火箭的专业户。

闻名于世界

曾经，美国航天局为了研发一项防探测技术，召集了 16 个发达国家参与此项目，组成的科研团队还有获得诺贝尔奖的专家。可是如此强大的科研队伍却无法攻克焊接的难关，多次试验也没有成功。眼看着时间投入越来越久，研究经费日渐攀升，可是问题依然没有得到解决。无奈之下，美国航天局不得不放下姿态，两次邀请高凤林参与科研。果然，有了高凤林的加入，问题很快就被完美解决。凭借这件事，高凤林征服了美国，震惊了世界。他们完全不相信一个普通的中国工人竟然有如此强大的技术。自此之后，国际上很多研发机构或外国企业高薪邀请高凤林的加入，开出了高凤林 10 倍的工资，可是都被他严词拒绝了，因为他说只给国家做贡献。

成功的秘诀就是踏实

高凤林在焊接工作的岗位上做了一辈子，将毕生所学都奉献给了国家。他秉承着干一行爱一行的态度，一辈子只做了一件事，那就是焊接。他将普通的焊接技术做到了世界瞩目的地步，他用焊接技术解决了国之大器制造过程中的各种问题，为国家做出了伟大的贡献。

在焊接这件事情上，高凤林立志于完全研究透它，吃透它。在理论知识方面，高凤林不断学习，利用各种渠道进修学习；在实践操作上，他不断突破自身技术，攻克难关，所以才会在这个行业举世闻名。在浮躁的社会，这种坚持如一的精神真的是难能可贵。现实生活中，很多人在遇到一点挫折之后，就选择放弃，选择转行，完全没有高凤林这种死磕到底的精神。或许我们像他一样做事情坚持到底，也能取得成功。

教学单元 2

焊缝的质量检查

2.1 焊缝的质量缺陷

焊缝缺陷的类型有很多，按其在焊缝中的位置，可分为表面缺陷和内部缺陷两类。

表面缺陷位于焊缝外表面，用肉眼或低倍放大镜可以看到，例如焊缝尺寸不符合要求、咬边、焊瘤、弧坑、烧穿、表面气孔、表面裂纹等。

内部缺陷位于焊缝内部，这类缺陷要用破坏性试验或无损检测方法来发现，如未焊透、未熔合、内部气孔、内部裂纹、夹渣等。

焊缝中存在缺陷，会显著降低工件的使用性能，可能会引起严重事故。所以，焊工要提高操作技术水平，遵循各项技术文件和有关操作规程，精心施焊。一旦发现缺陷，要分析原因，及时消除，技术人员要加强管理和监督检查。

2.1.1 焊缝的表面缺陷

1. 焊缝尺寸不符合要求

主要体现在焊缝起点、止点不到位，造成焊缝长度不足，角焊缝焊脚尺寸不够，以及焊缝纵横方向的高度和宽度不足或不均匀，见图 2-1，造成这种缺陷的原因大致如下：

图 2-1　焊缝尺寸不符合要求

1）坡口开得不当或装配间隙不均匀。

2）焊接电流选择不当。

3）焊接速度过快或过慢。

4）运条方法不正确，焊条与焊件夹角太大或太小。

产生这种缺陷，会引起焊缝的应力集中，不符合设计要求，降低焊缝的抗拉强度和损坏焊缝外表面的几何形状。

2.咬边

咬边的表现是在焊缝边缘与基体金属之间，有一条小沟槽，见图2-2。产生咬边的原因是工件被熔化部分深度过大，填充金属未能及时流过去补充而造成的。当电流过大、电弧拉得太长、焊条角度不当时都会造成咬边。咬边极易在平角焊、立焊、横焊和仰焊时产生。

防止咬边的措施如下：

1）焊接电流和焊接速度要适当。

2）电弧不要太长。

3）焊条角度和运条方法正确。

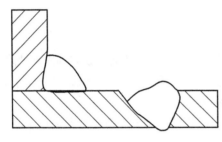

图2-2 咬边

3.弧坑

产生弧坑的原因是焊接过程中更换焊条或焊缝结束的收尾工艺不恰当，焊接电流太大，焊条移开太早，见图2-3。这种缺陷的存在会减小焊缝金属的工作截面，从而使应力集中，弧坑处往往会产生气孔和裂纹。

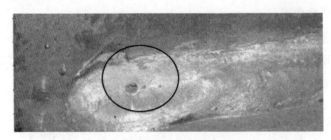

图2-3 弧坑

4.烧穿

焊接过程中熔化金属自焊缝背面流出，形成穿孔的现象称为烧穿，见图2-4。产生烧穿的主要原因是：焊件装配间隙过大或钝边太小，焊接电流过大，焊接速度过慢。

防止烧穿的措施如下：

1）严格控制焊件的装配间隙。

2）正确选择焊接电流和焊接速度。

3）在间隙太大的地方先焊上一层薄焊缝后再焊，或在接缝背面垫上铜块。

图 2-4   烧穿

2.1.2   焊缝的内部缺陷

1. 未焊透

未焊透是焊缝中常见的缺陷，见图 2-5，其危害性很大，严重影响焊接接头的质量，超过允许范围时应返修重焊。

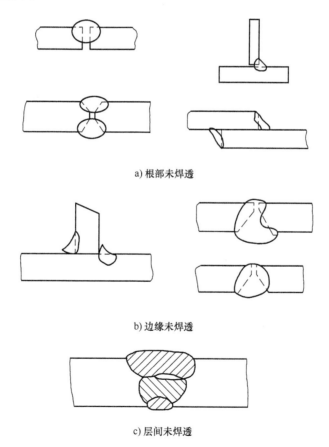

a) 根部未焊透

b) 边缘未焊透

c) 层间未焊透

图 2-5   未焊透

产生未焊透的原因大致如下：

1）焊接参数不恰当，焊接电流过小。

2）钝边太厚，间隙太小，焊条太粗。

3）电弧移动速度过快，电弧热量传递不均，使焊接金属不能充分熔化。

4）焊缝边缘不干净，接缝外表面沾有油漆、污泥、油脂等。

5）焊条倾斜角不恰当，药皮有偏心，电弧有偏吹，焊条沿焊缝移动有偏差。

2. 未熔合

未熔合的性质类似于未焊透，表现出焊缝金属与焊件金属之间没有熔化在一起时，熔池的金属溶液仅仅"靠"在基体金属上，其中往往夹有杂质或熔渣，有时以浮焊形式存在于焊缝表面，见图2-6。

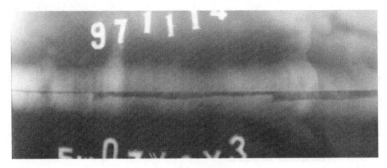

图 2-6　未熔合

产生未熔合的原因大致为：操作时看不清楚，没有注意到熔池的熔化情况，选用的焊条直径太大、焊接电流太小，焊条握持角度斜向一边、焊条有偏心、电弧有偏吹等。

3. 裂纹

（1）冷裂纹

由于母材具有较大的淬硬倾向，焊接熔池中溶解了过量的氢，在焊接接头处产生较大的应力，从而产生了冷裂纹，见图2-7。

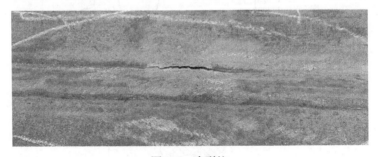

图 2-7　冷裂纹

防止产生冷裂纹的措施如下：

1）焊接前烘干焊条，减少氢的来源。

2）采用低氢焊条。

3）焊前预热，降低焊接接头的冷却速度。

4）焊接后立即对焊件进行加热或保温，使氢逸出。

5）适当提高焊接电流，减慢焊接速度，防止形成淬硬组织。

6）采用合理的焊接顺序，尽量减少焊接应力。

（2）热裂纹

由于熔池中含碳、硫、磷较多，待熔池快凝固时在拉应力的作用下而产生热裂纹，见图 2-8。

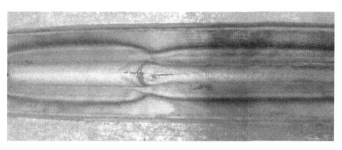

图 2-8　热裂纹

防止产生热裂纹的措施如下：

1）控制焊缝中的碳、硫、磷的含量，按规定，硫、磷应小于 0.03%，焊接低碳钢、低合金钢的焊丝含碳量一般不超过 0.12%。

2）焊前对焊件整体或局部进行预热，焊后缓冷，以减小应力。

3）减小焊接结构的刚性。

4）控制焊缝成形。

4. 夹渣

焊接熔渣残留在焊缝金属中的现象称为夹渣，见图 2-9。

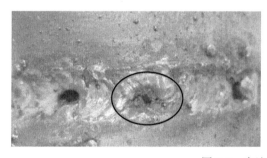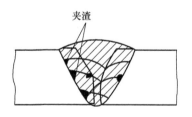

图 2-9　夹渣

产生夹渣的主要原因如下：

1）焊接电流过小，焊接速度过快，使熔池凝固过快，夹杂物来不及浮出。

2）运条不正确使铁液与熔渣混合，阻碍熔渣上浮。

3）多层焊时清渣不干净，及焊件坡口角度过小。

5. 气孔

在焊接过程中，熔池金属中的气体在金属冷却以前，没来得及逸出，在焊缝金属内部或表面形成了气孔，见图 2-10。

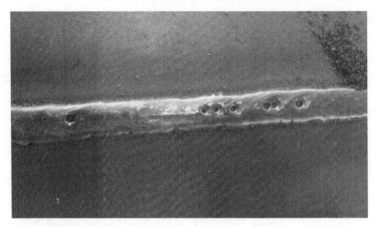

图 2-10　气孔

产生气孔的主要原因如下：

1）焊件接缝表面有铁锈、油脂、水分、油漆等污物，在焊前没有清理干净。

2）焊条潮湿、药皮脱落或者焊接前温度不适宜。

3）焊接中电弧太长，使熔池中溶入较多的气体。

4）焊接速度太快，气体来不及充分排除。

5）焊接电流过大，使药皮过热分解，失去保护作用。

6）使用碱性焊条时，极性不对。

防止产生气孔的措施如下：

1）使用抗气体强的酸性焊条。

2）焊接前仔细清除焊件焊缝两侧的油、锈、氧化皮。

3）焊条不能受潮。

4）焊接速度、焊接电流要适中，尽量采用短弧焊接。

中国建造 - 钢骨雄心

265 名焊工历时两年完成鸟巢焊接任务

"鸟巢"是 2008 年北京奥运会最重要的标志性场馆，它见证了 2008 年北京奥运圣火点燃，并在 2022 年继续作为北京冬奥会开幕式的会场。

2005 年，鸟巢全面开工，高空大跨度的马鞍形设计非常独特，内部没有一根立柱，全焊接的重型钢结构对焊接质量要求之高、难度之大，在全世界的焊接史上也是极其少见的。

整个"鸟巢"用钢 4.2 万吨，全靠焊接而成，焊缝的总长度有 32 万 m。焊接要求百分百的成功率，所以焊工都要经过验证和选拔。当时，尽管焊接设备已经到位，但能胜任的焊工实在是太少了。有的人一听，这活儿太难了，不敢焊，直接就被吓跑了。有的人虽然敢焊，但技术不过关。

中国工程建设焊接协会专门聘请了焊接专家、全国五一劳动奖章获得者王玉松对挑选出的 265 名焊工进行全方位培训，手把手地教。

为了确保"鸟巢"焊接牢固，在正式施工前，进行了 126 项焊接工艺评定试验。其中的一块试焊件最长连续焊接 38h，中间不能停。

当时的室温 35℃，焊件还要预热到 150～200℃，焊工被烤得汗流浃背，衣服脱下来都能拧出水。还有焊接位置的难点，尤其是仰焊。仰焊就是焊枪向上，焊接位置在焊工头部的上方，焊缝不容易成形，而且熔化的焊丝和钢板铁液特别容易落下来烫伤焊工。

王玉松老师说："有时候哪怕滚烫的焊花掉进脖子也不敢停下来，不然会出现裂纹、夹渣等质量问题。"铁液滴在身上他们不疼吗？他们当然会疼，只是那时眼里只有眼前的那道焊缝，而那些留在身上的烫痕已然成为他们一枚枚的"奥运勋章"了。

焊接的操作难度大，还易出现探伤不合格的缺陷。就是说从外表上看虽然是焊上了，但内部没有熔合，这种缺陷如果出现哪怕只是一点儿，在"鸟巢"特殊的钢结构里都是致命的，甚至有整个坍塌的可能，后果不堪设想！工艺专家不知道开了多少次会，制订了多少个解决方案，终于突破了技术难点。

鸟巢合拢，100 多名焊工登上 70m 高空同时起焊

2006 年 8 月 25 日，鸟巢大合拢。那天深夜，70m 的高空中，共调集了 100 多名焊工和 100 多台焊机，历时两年、七百多个日夜奋战，为的就是迎接这一刻。

当时，服务保障人员提前做好一切准备工作，对所有焊接设备进行彻底点检维护。大家顺着云梯往上爬，刚开始还挺兴奋，但爬到四五十米高的地方，云梯晃荡得厉害，顷刻间，就感觉自己成了空中飞人，不敢往下看。只听到自己"咚咚"的心跳声。夜里风大，越往上云梯越抖，上几步就要停一下。

零点整，鸟巢合拢总指挥宣布"合拢开始"，100 多名焊工便同时起焊，100 多处焊口进出耀眼夺目的火花。这时候，天空下起了小雨，鸟巢的簇簇弧光在夜空中闪耀，点点焊花把三块巨大的钢结构连在一起。一个完整的体育场主体结构呈现在世人面前。

2.2　焊接残余应力和残余变形

1. 焊接残余应力

焊接残余应力按其方向可分为纵向残余应力、横向残余应力和厚度方向残余应力。

焊接时钢板一边受热，将沿焊缝方向纵向伸长。但伸长量会因钢板的整体性而受到焊缝两侧未加热区域的限制，由于这时焊缝金属是熔化塑性状态，故不产生应力。随后焊缝金属冷却并恢复弹性，收缩受限将导致焊缝金属纵向受拉，两侧钢板则因焊缝收缩倾向牵制而受压，形成纵向焊接残余应力分布。

焊接纵向收缩将使两块钢板有相向弯曲变形的趋势。但钢板已焊成一体，弯曲变形将受到一定的约束，因此在焊缝中段将产生横向拉应力，在焊缝两侧将产生横向压应力。

此外，焊缝冷却时除了纵向收缩外，焊缝横向也将产生收缩。由于施焊是按一定顺序进行，先焊好的部分冷却凝固恢复弹性较早，将阻碍后焊部分自由收缩。因此，先焊部分就会横向受压，而后焊部分横向受拉，见图 2-11。

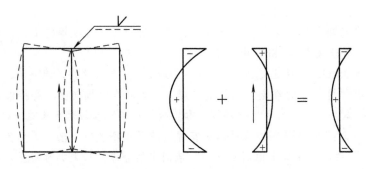

图 2-11　焊接残余应力的产生

上述两项横向残余应力相叠加，于是形成一组自相平衡的内应力。

2. 焊接残余变形

在实际焊接结构中，焊接残余应力和焊接残余变形是很复杂的，以下是几个焊接残余应力和残余变形的简单示例，见图 2-12。

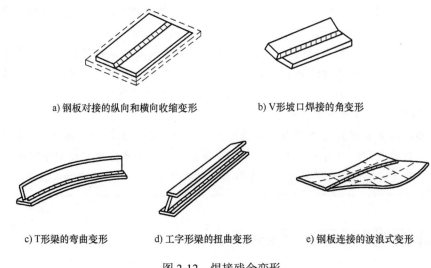

a) 钢板对接的纵向和横向收缩变形　　　　b) V 形坡口焊接的角变形

c) T 形梁的弯曲变形　　d) 工字形梁的扭曲变形　　e) 钢板连接的波浪式变形

图 2-12　焊接残余变形

3. 消除焊接残余应力和焊接残余变形的措施

（1）合理选择焊接顺序

这些做法的目的是避免焊接时热量过于集中，须注意焊缝尽量不要密集交叉，截面和长度应尽可能小，从而减少焊接残余变形和残余应力，见图 2-13。

（2）采用反变形法

反变形法是指施焊前给构件以一个和焊接变形相反的预变形，使构件焊接后产生的焊接残余变形与预变形相互抵消，以减小最终的总变形，见图 2-14。

（3）焊接残余变形的矫正

矫正焊接残余变形的方法有机械矫正法和火焰矫正法两种。

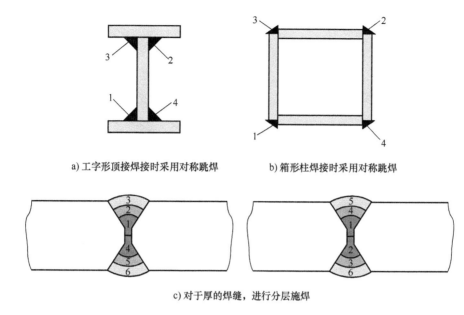

a) 工字形顶接焊接时采用对称跳焊　　b) 箱形柱焊接时采用对称跳焊

c) 对于厚的焊缝，进行分层施焊

图 2-13　合理选择焊接顺序

注：图中数字表示焊接顺序。

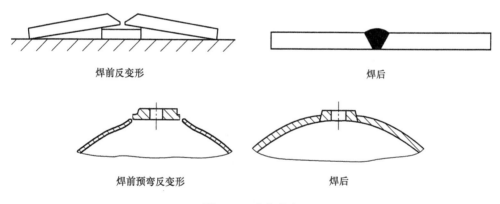

焊前反变形　　　　　　　　　　　焊后

焊前预弯反变形　　　　　　　　　焊后

图 2-14　反变形法

机械矫正法，即利用外力使构件产生与焊接残余变形方向相反的塑性变形，使两者相互抵消，通常只适用于塑性好的低碳钢和普通低合金钢，见图 2-15a。

火焰矫正法，即利用火焰局部加热焊件的适当部位，使其产生压缩塑性变形，以抵消焊接残余变形，一般适用于塑性好，且无淬硬倾向的材料，见图 2-15b。

（4）焊接残余应力的消除

在施焊前将构件以 150 ~ 350℃ 的温度预热再进行焊接，可减少焊缝不均匀收缩和减慢冷却速度，这是减小和消除焊接残余应力的有效方法。

对于焊接残余应力，还可采用退火法来消除或减小。退火法是构件焊成后再加热到 600 ~ 650℃，然后慢慢冷却，从而消除或减小焊接残余应力。

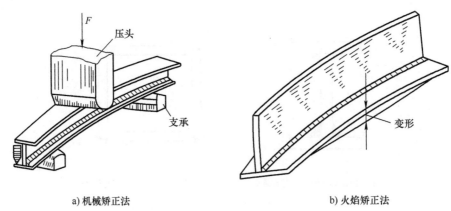

a) 机械矫正法   b) 火焰矫正法

图 2-15   焊接残余变形的矫正

2.3   焊缝质量的外观检查

    焊接接头外观检查是由焊接检查员通过个人目视或借助工具检查焊缝的外形尺寸和外观缺陷的质量检测方法，是一种简单且应用广泛的检测手段。焊缝的外观尺寸、表面不连续性是表征焊缝形状特性的指标，是影响焊接工程质量的重要因素。

    当焊接工作完成后，首先要进行外观检查。多层焊时，各层焊缝之间和接头焊完之后都应进行外观检查。

    焊缝外观检查工具有专用工具箱，见图 2-16，主要包括咬边测量器、焊缝内凹测量器、焊缝宽度和余高测量器、放大镜、锤子、扁铲、划针、尖形量针、游标卡尺等，焊缝外观检查工具还包括焊接检验尺、数显式焊缝测量工具。此外还有基于激光视觉的焊后检测系统等。

1. 专用工具箱

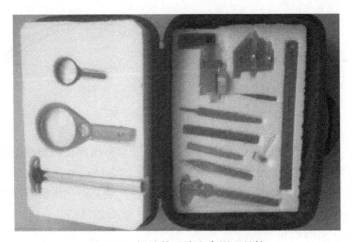

图 2-16   焊缝外观检查专用工具箱

（1）咬边测量器

    咬边测量器有百分表型和测量尺型两种，均能快速准确地测量焊缝的咬边尺寸，见图 2-17。

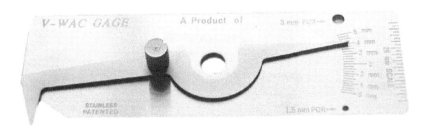

图 2-17　咬边测量器

（2）焊缝内凹测量器

焊缝内凹测量器也称为深度测量器，使用时把钢直尺伸向焊接结构内，将钩形针探头对准凹陷处，掀动钩形针的另一端，使钩形针探头伸向凹陷的根部，然后用游标卡尺量出探头伸出的长度，便可获得内凹深度的数值。该测量器还可用于测量焊缝宽度和高度，也可用于焊后焊件变形的测量。

（3）放大镜

一般采用 4 倍或 10 倍的放大镜观测焊缝表面是否有咬边、夹渣、气孔、裂纹等缺陷，见图 2-18。

图 2-18　放大镜

（4）扁锉

扁锉规格一般为 6in（1in=25.4mm），可用来清理试件表面，确保工件表面锉削后干净整齐，见图 2-19。

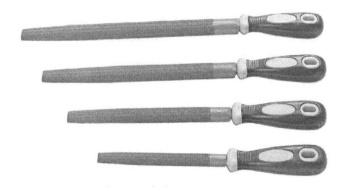

图 2-19　扁锉

47

（5）划针

划针用来剔抠焊缝边缘死角的药皮，见图 2-20。

图 2-20　划针

（6）游标卡尺

游标卡尺是一种测量长度、内外径、深度的量具，见图 2-21。游标卡尺由尺身和附在尺身上能滑动的游标两部分构成。游标卡尺的尺身和游标上有两副活动量爪，分别是内测量爪和外测量爪，内测量爪通常用来测量内径，外测量爪通常用来测量长度和外径。游标卡尺的分度值可达到 0.01mm。

图 2-21　游标卡尺

2. 焊接检验尺

焊接检验尺是利用线纹和游标测量等原理，检测焊接件的焊缝宽度、高度、焊接间隙、坡口角度和咬边深度等的计量工具，见图 2-22。它主要由主尺、高度尺、咬边深度尺和多用尺四部分组成。

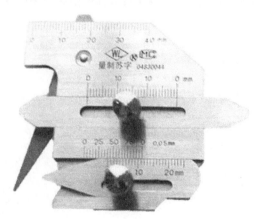
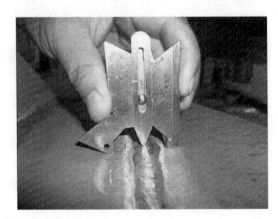

图 2-22　焊接检验尺

　　焊接检验尺可以测量坡口角度、错边量、对口间隙、焊缝余高、焊缝宽度、焊缝平直度及焊脚尺寸。

　　3. 数显焊缝规

　　数显焊缝规是将传统焊缝检测尺或焊缝卡板与数字显示部件相结合的一种焊缝测量工具，见图 2-23。数显焊缝规具有度数直观、使用方便、功能多样的特点。图 2-23 所示数显焊缝规由角度样本、高度尺、传感器、控制运算部分和数字显示部分组成。该焊缝规有四种角度样板，可用于坡口角度、焊缝尺寸的测量，可实现任意位置清零，任意位置米制与寸制转换，并带有数据输出功能。

图 2-23　数显焊缝规

大国工匠 - 焊接制造

张景：伟大出自平凡，焊花描绘人生

　　2021 年 12 月 22 日上午，2021 河南省"中国梦·大国工匠篇"大型主题宣传活动采访团走进中车洛阳机车有限公司。"电焊这一行有句口头禅'紧车工、慢钳工，受气眼红是电焊工'，但我走进工厂的第一天，就决定将一生都寄托在焊工事业上。"高级电焊技师、中车资深技能专家、国际焊接技师、全国劳动模范张景如是说。

　　勤学苦练出真功

　　1987 年，张景从技校毕业，毅然投身在同龄人看来又苦又累的电焊工行业。他说："看到师傅们焊出来的产品就像工艺品一样，我就特别想去学一学。"

　　电焊工有"蹲、眼、腕、稳"四大基本功。工作初期，为了练好蹲功，张景坚持吃饭不坐凳子、看书不坐椅子，无论何时何地能蹲着就不站着，最终成了同龄人中蹲得最长、蹲得最稳的人。眼功是电焊工的看家本领。焊接中不仅要求准确无误辨别出什么是熔池、什么是熔渣，更为关键的是要清晰地观察出熔池的色度、大小的变化和熔池中是否有夹渣，并迅速做出改变运条速度、运条方式的决定。为了练习眼功，张景的眼睛被弧光"打"得像樱桃一样红肿，但他还是坚持练习辨别熔池、熔渣，练习排除熔池中的夹渣……

　　做最优秀的电焊工是张景的目标。成为最优秀的电焊工，就要比别人付出更多。张景的每件衣服都被焊花烫得"千疮百孔"，他身上至今还留有许多绿豆大小的灼疤。

工作中的张景抓住每一次机遇

提起如今的成就，张景坦言，是"两次经历"造就了他。20世纪90年代中期，为了寻求工作上的突破、实现自己的梦想，张景前往日本进行电焊研修。在日本，张景学到了当地企业的高标准要求以及先进的方法技术，并在短短一年时间内完成"三级跳"，承担了该企业至关重要的钢骨架焊接工作，用实力为中国工人争得了名誉与认同。2005年8月9日，张景参加了中国南车集团公司第三届技能竞赛电焊工比赛。面对来自20家厂所、代表集团公司电焊工种顶级水平的近40名对手，张景用近乎完美的焊接动作征服全场，一举摘得比赛桂冠。多年来，张景多次代表公司参加国家级、省部级职业技能比赛，先后荣获"全国技术能手""铁道部技术能手""南车集团技术能手""中国南车技术标兵"等称号。

攻坚克难成"王牌"

2008年，中车洛阳机车有限公司成立了张景劳模创新工作室。2010—2011年，该工作室先后参与了铁路工程机械车辆DA12和JW4G转向架构架研制、"上海地铁轨道探伤车"及"上海地铁轨道检测车"新制等项目。

2011年4月，和谐机车铸铝齿轮罩在检修中发现螺纹孔失效和铸造缺陷引起的裂纹。张景采用合理的焊接工艺方法，成功解决铸铝件焊接难及变形问题，修复20多件产品，解决了供应链及用户周期难题。除此以外，他编制的"和谐机车轴箱拉杆座堆焊操作法"被公司评为优秀操作法。

2017年，中车株洲电力机车有限公司对中车洛阳机车有限公司进行业务整合。中车洛阳机车有限公司借助株机公司的市场、技术平台，迅速在地铁工程车制造领域发力。张景凭借过硬的业务素养，成为该公司焊接部门的"王牌"。

每一份荣耀背后都是不为人所知的艰辛。张景的成功，依靠的则是一名"大国工匠"对事业的执着坚韧、精益求精以及常人无法想象的勤奋刻苦。

2.4 焊缝质量的无损检测

无损检测是常规检测方法的一种，是指在不损伤被检材料、工件或设备的情况下，应用某些物理方法来测定材料、工件或设备的物理性能、状态及内部结构，检测其不均匀性，从而判定其是否合格。无损检测是一种既经济又能使产品达到性能要求的技术。

材料在焊接过程中，由于各种原因，可能会产生缺陷。无损检测是利用材料的物理性质缺欠引发变化并测定其变化量，从而判定材料内部是否存在缺陷，以及缺陷的种类和大小的一种检测技术，因此它的理论根据是材料的物理性质。目前，在无损检测中所利用的材料物理性质有材料在射线辐射下的性质，材料在弹性波作用下的性质，材料的电学性质、磁学性质、热学性质以及表面能量的性质等。

无损检测方法有很多，适用于不同场合。目前比较常用的是渗透检测、射线检测、超声波检测、磁粉检测等几种常规方法，见图2-24。这些方法各有优缺点，每种方法都有最适宜的检测对象与适用范围。其中射线检测和超声波检测常用于探测工件内部缺陷，其他方法则用于探测工件表面及近表面缺陷。

a) 渗透检测

b) 射线检测

c) 超声波检测

d) 磁粉检测

图 2-24　无损检测方法

2.4.1　渗透检测

渗透检测的基本原理是在被检材料或工件表面上浸涂某些渗透力比较强的液体，利用液体对微细空隙的渗透作用，将液体渗入孔隙中，然后用水和清洗剂清洗工件表面的剩余渗透剂，保留渗透到表面缺陷中的渗透剂，最后将显像剂喷涂在被检工件表面，经毛细管作用，将孔隙中的渗透剂吸出来并加以显示，见图 2-25。因此，渗透检测应用范围广，可用于多种材料的表面检测，而且基本上不受工件几何形状和尺寸大小的限制，缺陷的显示不受缺陷的方向限制，一次检测可同时探测不同方向的表面缺陷。

渗透检测

a) 预清洗

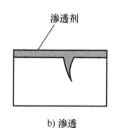

b) 渗透

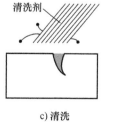

c) 清洗

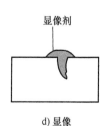

d) 显像

图 2-25　渗透检测过程

渗透检测材料是根据被检材料或工件及其表面条件，以及所实施检测的条件等情况进行配制或选择的。渗透检测材料包括渗透剂、清洗剂、显像剂，见图2-26。渗透检测材料不应对被检材料或工件产生有害的影响。渗透剂一般有荧光渗透剂、着色渗透剂、荧光和着色两用渗透剂、特殊用途渗透剂等类型。清洗剂一般有水、亲油性或亲水性乳化剂、液体状溶剂等类型。显像剂一般有干粉显像剂、水溶解显像剂、水悬浮显像剂、溶剂悬浮显像剂等类型。渗透系统按检测方法不同分为荧光渗透检测、着色渗透检测、荧光和着色两用渗透检测；按渗透剂的类型不同分为水洗型、后乳化型、溶剂去除型。

图 2-26　渗透检测材料

渗透检测的一般工艺流程：施加渗透剂→施加乳化剂→去除多余渗透剂→干燥→施加显像剂→检测观察。

2.4.2　射线检测

射线检测是利用射线可穿透物质并在物质中有衰减的特性来发现缺陷的一种检测方法。按使用的射线源不同，可分为 X 射线检测、γ 射线检测和高能射线检测。

射线检测

射线检测的实质是根据被检测工件与其内部缺陷介质对射线能量衰减程度不同，引起射线透过工件后的强度差异，从而使缺陷在底片上显示出来，见图2-27。

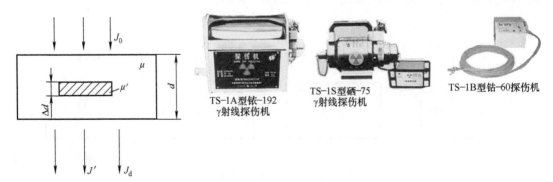

图 2-27　射线检测

X 射线检测设备包括 X 射线机、射线胶片、观片灯、光学密度计、增感屏和像质计。

射线检测主要是射线照相法。X 射线具有穿透金属或其他物质的能力，其透过率随被照物质的种类、厚度或密度不同而变化。X 射线透过被检物体时，有气孔、非金属夹渣等缺陷部位与基体金属对射线的吸收能力不同。缺陷部位所含的空气或非金属夹杂物对射线的吸收能力远远低于金属对射线的吸收能力。因而透过有缺陷部位的射线强度，高于无缺陷部位的射线强度。在 X 射线感光胶片上对应的有缺陷部位，将接收更多的 X 射线粒子，从而形成黑度较大的缺陷影像。X 射线检测原理见图 2-28。

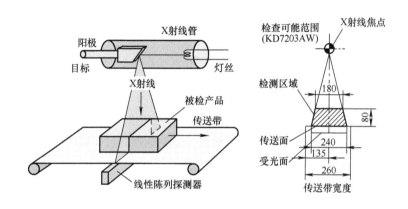

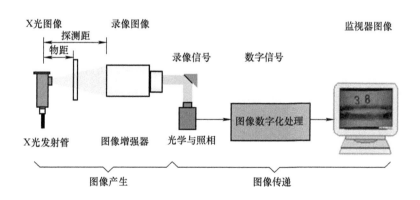

图 2-28　X 射线检测原理

下面针对焊接接头常见缺陷及显示特征识别做简单介绍。

1. 裂纹

裂纹在底片上的特征是轮廓分明黑色曲折的粗线，局部有微小的锯齿或波状细纹，有时也呈近似直线状，中部稍宽且黑度较大，而两端尖细且黑度逐渐减小，有时带有分叉或枝状，尖端前方有时有丝状阴影延伸，有些裂纹影像还呈粗细互相缠绕的黑线，有些裂纹呈黑度较浅的放射状。裂纹和圆形缺陷显示见图 2-29。

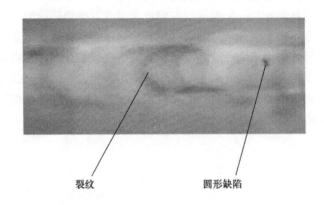

裂纹　　　　　　　圆形缺陷

图 2-29　裂纹和圆形缺陷显示

2. 未熔合

未熔合分根部未熔合、坡口侧壁未熔合及层间未熔合三种。

1）根部未熔合的典型影像是一条细直黑线，一侧轮廓整齐且黑度较大，为坡口钝边影像，另一侧轮廓可能较规则，也可能不规则。

2）坡口侧壁未熔合的典型影像是连续或断续的线状阴影，线条比较宽，黑度不太均匀。

3）层间未熔合的典型影像是黑度不大且较均匀的块状阴影，线条较宽，形状不规则，轮廓模糊。

未熔合缺陷显示见图 2-30。

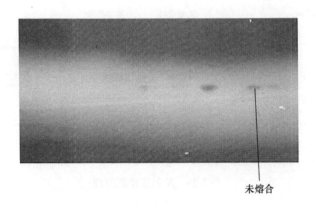

未熔合

图 2-30　未熔合缺陷显示

3. 未焊透

单面焊未焊透位于接头坡口的根部，双面焊未焊透位于接头坡口的端部。

未焊透在射线底片上的特征呈轮廓明显、规则的、连续或断续的黑色线条，一般是条状或带状。未焊透缺陷显示见图 2-31。

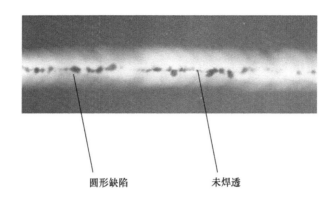

圆形缺陷　　　　　　未焊透

图 2-31　未焊透缺陷显示

4. 夹渣

夹渣和夹杂物在射线底片上不容易区分和鉴别，因此可以统称为夹渣。夹渣缺陷显示见图 2-32。

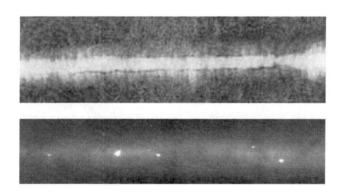

图 2-32　夹渣缺陷显示

夹渣种类很多，各种夹渣显示特征如下：

1）点状夹渣。在底片上有一个或数个黑点，有时与气孔很难分开，但它的轮廓比气孔明显，黑度均匀，形状不规则，这类缺陷常出现在手工电弧焊的焊缝中。

2）条块状夹渣。夹渣顺着焊接方向分布，通常产生于焊缝中部或边缘，有时伴随着未焊透和未熔合同时存在。阴影形状不规则，宽窄不一，带有棱角，边缘不规则，线条较宽，黑度较大，轮廓清晰。这种缺陷在自动焊中常见。

3）薄条状夹渣。薄条状夹渣的影像呈宽而淡的粗线条，轮廓明显，黑度不均匀。常出现在多层焊的层间或坡口边缘。

4）链状夹渣。链状夹渣的影像与焊缝轴线平行，似一条线，间距较小而不等，外形不规则，端头有棱角，轮廓分明，黑度均匀。这种缺陷在自动焊和手工电弧焊中都有可能发生。

5）群状夹渣。呈较密黑点群，形状各异，大小不一，间距不等，黑度变化不大。

5.气孔

由于气孔内充满的是气体，衰减系数很小，它又是体积缺欠，因而影像的黑度差值较大，底片上很容易发现。气孔在底片上的成像一般以单个、链状、群状密集的形式出现。这些气孔在底片上的特征是呈圆形或椭圆形的黑点，中心黑度较大，均匀地向边缘变浅，也有呈线状或其他不规则形状的，气孔的影像轮廓比较圆滑，清晰可见。气孔缺陷显示见图2-33。

图 2-33 气孔缺陷显示

2.4.3 超声波检测

超声波是频率大于 20000Hz 的机械振动在弹性介质中传播产生的一种机械波，具有良好的指向性。超声波在大多数介质中，尤其在金属材料中传播时，传输损失小，传播距离大，穿透能力强。因此，超声波能检测较大厚度的试样。

超声波检测

1.超声波检测仪

脉冲反射法是超声波检测中应用最广的方法。其基本原理是将一定频率间断发射的脉冲波，通过一定耦合剂的耦合传入工件，当遇到缺陷或工件底面时，超声波将产生反射，反射波被仪器接收并以电脉冲信号在示波屏上显示出来，由此判断是否存在缺陷，以及对缺陷进行定位、定量评定，见图2-34。

超声波的检测方法一般包括纵波检测和横波检测，见图2-35。

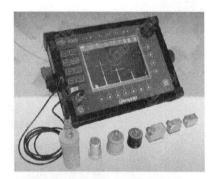

图 2-34 超声波检测仪

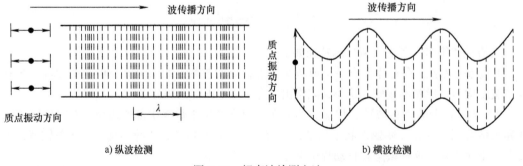

a) 纵波检测　　　　　　　　　b) 横波检测

图 2-35 超声波检测方法

2.超声波检测的基本方法

1）垂直入射法。采用直探头将声束垂直入射工件待测面进行检测，见图2-36。

2）斜角入射法。采用斜探头将声束倾斜入射工件待测面进行检测，见图2-37。

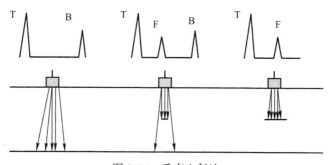

图 2-36　垂直入射法

T—始波　F—缺陷波　B—底波

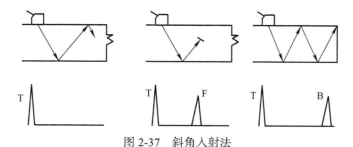

图 2-37　斜角入射法

T—始波　F—缺陷波　B—底波

超声波检测用端头见图 2-38。

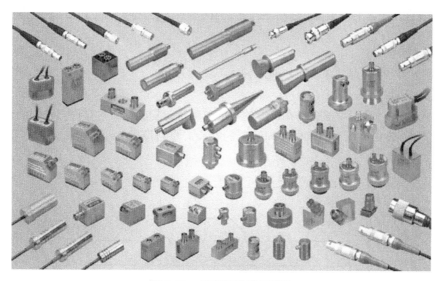

图 2-38　超声波检测用端头

3. 耦合剂

超声波检测时，为了使超声波能有效地穿入被测工件，保证检测面上有足够的声强透射率，需要液态传导介质来连接探头与被测工件，这种介质就是超声波耦合剂，见图 2-39。

使用耦合剂可以填充接触面之间的微小空隙，使这些空隙间的微量空气不影响超声波的穿透。通过耦合剂的"过渡"作用，使超声波探头与被测工件表面之间的声阻抗差减小，从而减小超声波能量在此界面的反射损失。耦合剂还起到"润滑"作用，减小超声波探头面与被测工件表面之间的摩擦，使超声波探头能灵活地滑动检测以及延长超声波探头使用寿命。常用的耦合剂有机油、水、水玻璃、甘油、浆糊等。

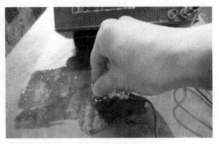

图 2-39　耦合剂及其使用

探头角度也称为探头 K 值。探头 K 值的选择应从以下三方面考虑：①使声束能扫查到整个焊缝截面；②使声束中心线尽量与主要危险性缺陷垂直；③保证足够的探伤灵敏度。条件允许时，尽量采用大 K 值探头。表 2-1 为推荐采用的探头 K 值。

表 2-1　推荐采用的探头 K 值

板厚 /mm	6～25	25～46	46～120	120～400
K 值	3.0～2.0	2.5～1.5	2.0～1.0	2.0～1.0
探头折射角 β	72°～60°	68°～56°	60°～45°	60°～45°

4. 焊缝检验等级

焊缝检验等级有 A 级、B 级和 C 级三种。

（1）A 级检验

A 级检验采用一种角度的探头在焊缝的单面单侧进行检验，只对允许扫查到的焊缝截面进行探测，见图 2-40。一般不要求做横向缺陷的检验。母材厚度大于 50mm 时，不得采用 A 级检验。

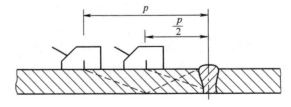

图 2-40　A 级检验

（2）B 级检验

B 级检验原则上采用一种角度探头在焊缝的单面双侧进行检验，对整个焊缝截面进行探测，见图 2-41。受几何条件限制时，应在焊缝单面、单侧采用两种角度探头（两角度之差大于 15°）进行检验。母材厚度大于 100mm 时，采用双面双侧检验。受几何条件的限制，可在焊缝的双面单侧采用两种角度探头（两角度之差大于 15°）进行探测。条件允许时应做横向缺陷的检验。

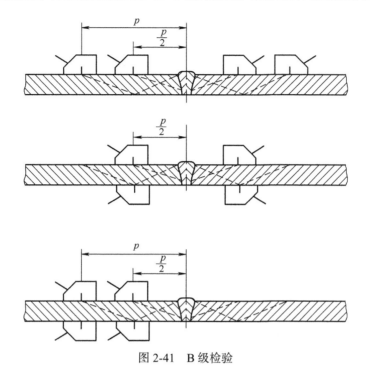

图 2-41　B 级检验

（3）C 级检验

C 级检验至少要采用两种角度探头在焊缝的单面双侧进行检验，同时要做两个扫查方向和两种探头角度的横向缺陷检验，见图 2-42。母材厚度大于 100mm 时，采用双面双侧检验。其他附加要求是：对接焊缝余高要磨平，以便探头在焊缝上做平行扫查；焊缝两侧斜探头扫查经过的母材部分要用直探头做检查；当焊缝母材厚度大于或等于 100mm，窄间隙焊缝母材厚度大于或等于 40mm 时，一般要增加串列式扫查。

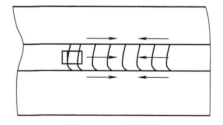

图 2-42　C 级检验

5. 探头移动方式

探头移动方式有锯齿形扫查、基本扫查、斜平行扫查和平行扫查四种。

（1）锯齿形扫查

锯齿形扫查是最常用的一种扫查方式，一般在初始检测中使用，速度快，易于发现缺陷，保持探头垂直焊缝做前后移动的同时，还应做 10° ~ 15° 的转动，见图 2-43。

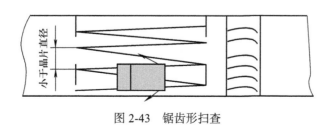

图 2-43　锯齿形扫查

（2）基本扫查

锯齿形扫查发现缺陷后，可采用基本扫查来确定缺陷大小、方向和性质，见图 2-44。

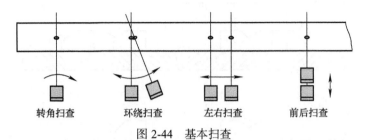

图 2-44　基本扫查

1）转角扫查：推断缺陷的方向。

2）环绕扫查：推断缺陷的形状。

3）左右扫查：确定缺陷沿焊缝方向的长度。

4）前后扫查：确定缺陷水平距离或深度。

（3）斜平行扫查

斜平行扫查可以检测焊缝或热影响区的横向缺陷，见图 2-45。

（4）平行扫查

平行扫查可以检测焊缝或热影响区的横向缺陷，见图 2-46。

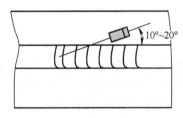

图 2-45　斜平行扫查

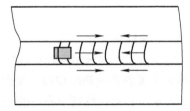

图 2-46　平行扫查

6. 超声波检测的缺陷定性

各种缺陷的反射波形有所不同，可以从波形上大致判断缺陷的性质。

（1）气孔

气孔一般是球形，反射面较小，对超声波反射不大。因此在荧光屏上单独出现一个尖波，波形也比较单一。当探头绕缺陷转动时，缺陷波高度不变，但探头原地转动时，单个气孔的反射波迅速消失；而链状气孔则不断出现缺陷波，密集气孔则出现数个此起彼伏的缺陷波，见图 2-47a。

（2）裂纹

裂纹的反射面积和平面度大，用斜探头检测时荧光屏上往往会出现锯齿较多的波。若探头沿缺陷长度方向平行移动，则波形中锯齿变化很大，波高也发生变化。探头平移一段距离后，波高才逐渐降低直至消失，但当探头绕缺陷转动时，缺陷波迅速消失，见图 2-47b。

（3）夹渣

夹渣本身形状不规则，表面粗糙，其波形是由一串高低不同的小波合并而成的，波根部较宽。当探头沿缺陷平行移动时，条状夹渣的波形会连续出现，转动探头时，波高迅速降低；而块状夹渣在较大的范围内都有缺陷波，且在不同方向探测时，能获得不同形状的缺陷波，见图 2-47c。

（4）未焊透

未焊透的波形基本上和裂纹波形相似，当未焊透伴随夹渣时，与裂纹波形的区别才比较显著，因为这时兼有夹渣的波形。当斜探头沿缺陷平移时，在较大的范围内存在缺陷波。当探头沿垂直焊缝方向移动时，缺陷波消失的快慢取决于未焊透的深度。

（5）未熔合

未熔合多出现在母材与焊缝的交界处，其波形基本上与未焊透相似，但缺陷范围没有未焊透大。

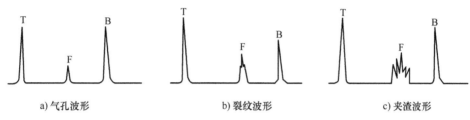

a) 气孔波形　　　　　　　　b) 裂纹波形　　　　　　　　c) 夹渣波形

图 2-47　超声波检测的缺陷定性

T—始波　F—缺陷波　B—底波

2.4.4　磁粉检测

磁粉检测

铁磁性材料磁化后，在表面缺陷处会产生漏磁场现象。磁粉检测（或称为磁粉探伤）就是根据缺陷处的漏磁场与磁粉的相互作用，利用磁粉来显示铁磁性材料表面或近表面缺陷，进而确定缺陷的形状、大小和深度。

1. 磁粉检测的基本原理

磁粉检测的基本原理：当材料或工件被磁化后，若在工件表面及近表面存在裂纹、冷隔等缺陷，便会在该处形成一漏磁场。此漏磁场将吸引、聚集检测过程中施加的磁粉，从而形成缺陷显示，见图 2-48。

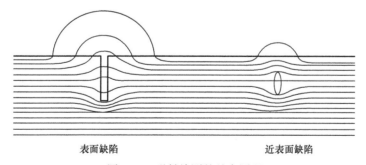

表面缺陷　　　　　　　　　　近表面缺陷

图 2-48　磁粉检测的基本原理

若被检工件没有缺陷，则磁粉在工件表面均匀分布。若工件上存在缺陷，由于缺陷，如裂纹、气孔或非金属夹杂物，含有空气或非金属，其磁导率远远小于工件的磁导率，在位于工件表面或近表面的缺陷处产生漏磁场，形成一个小磁极，见图 2-49，磁粉将被小磁极吸引，缺陷处由于堆积比较多的磁粉而被显示出来，形成肉眼可以看到的缺陷图像。

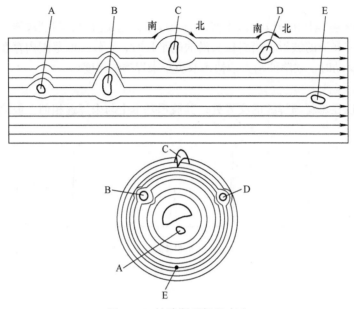

图 2-49　缺陷漏磁场的产生

A~E—缺陷

　　磁粉检测的程序：预处理→磁化→施加磁粉或磁悬液→磁痕的观察与记录→缺陷评级→退磁→后处理。

　　磁粉检测适用于铁磁性材料熔化焊缝表面或近表面缺陷的检测，可检测到的缺陷深度一般为 1~2mm，不能检测到埋藏很深的内部缺陷，易于检出与磁场方向夹角较大的缺陷。检测成本很低，速度快，但是工件的形状和尺寸对探伤有影响，有时因其难以磁化而无法探伤。常用的磁粉探伤仪见图 2-50。

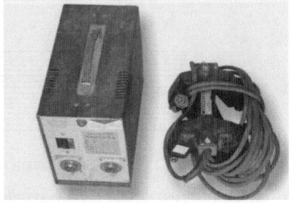

图 2-50　常用的磁粉探伤仪

2. 磁粉检测的分类

根据磁化方式不同，磁粉检测分为线圈法、磁轭法、轴向通电法、触头法、中心导体法和交叉磁轭法，见图 2-51。钢结构焊缝磁粉检测常选用磁轭法，见图 2-52。

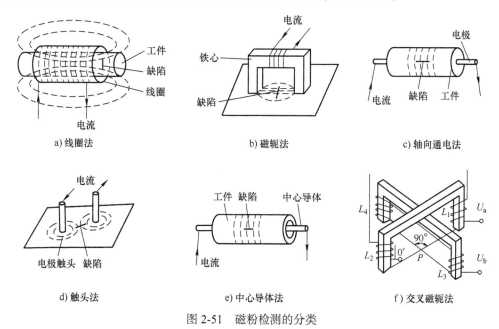

a) 线圈法　　　　　　　b) 磁轭法　　　　　　　c) 轴向通电法

d) 触头法　　　　　　　e) 中心导体法　　　　　　f) 交叉磁轭法

图 2-51　磁粉检测的分类

根据使用的磁粉分散介质不同，磁粉检测分为干法磁粉检测和湿法磁粉检测两种。采用干磁粉以空气为分散介质施加到磁化的工件表面上进行检测的方法称为干法。将磁粉按一定比例与煤油或水配成磁悬液施加到磁化的工件表面上进行检测的方法称为湿法。钢结构焊缝磁粉检测一般采用湿法。

根据在检测过程中施加磁悬液和磁粉的时机不同，磁粉检测又可分为连续法和剩磁法两种。在外加磁场磁化工件的同时，将磁悬液或磁粉施加到工件上进行检测的方法称为连续法，也称为外加磁场法。利用工件停止磁化后的剩磁进行磁粉检测的方法称为剩磁法。钢结构焊缝磁粉检测一般采用连续法。

图 2-52　磁轭法

3. 磁粉检测的材料

磁粉检测材料一般包括磁粉、载体和磁悬液。

磁粉检测中的磁悬液可选用油剂或水剂作为载液，见图 2-53。

常用的油剂可选用无味煤油、变压器油、煤油与变压器油的混合液。常用的水剂可选用含有润滑剂、防锈剂、消泡剂等的水溶液。

图 2-53　磁悬液

钢结构工程中多采用水做载液，既可降低成本，又无火险隐患，检测后焊缝表面易于做防腐、防锈处理。

4. 灵敏度试片

检查磁粉探伤装置、磁悬液的综合性能及检定被检区域内磁场的分布规律等可用灵敏度试片。灵敏度试片是磁粉检测时必备的工具，用来检查探伤设备、磁粉、磁悬液的综合使用性能，以及人员操作方式是否适当。

常用的有 A 型、C 型灵敏度试片及磁场指示器等。

A 型灵敏度试片采用 100μm 厚的软磁材料制成，试片上刻有圆形和十字形人工槽，可以确定有效磁场的方向，见图 2-54。

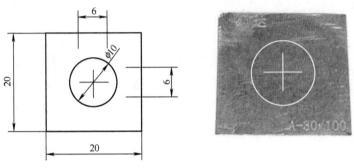

图 2-54　A 型灵敏度试片

C 型灵敏度试片的厚度应为 50μm，人工槽深度应为 15μm。C 型灵敏度试片使用时可沿分割线切成 5mm×10mm 的小片，以适应狭窄部位的检测，见图 2-55。

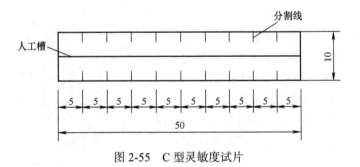

图 2-55　C 型灵敏度试片

大国工匠 - 焊接制造

"杰出工匠"艾爱国：焊接行业领军人，将"绝招"全力传递

"七一勋章"获得者艾爱国，湖南华菱湘潭钢铁有限公司焊接顾问、湖南省焊接协会监事长、党的十五大代表、第七届全国人大代表，享受国务院政府特殊津贴，荣获全国劳动模范、全国技术能手、全国十大杰出工人等称号。

在国内金属焊接界，艾爱国集丰厚的理论素养、实际经验和操作技能于一身，尤其是对焊接难度大的纯铜、铝镁合金、铸铁焊接有精深造诣。五十多年间，他从学徒做起，刻苦钻研、攻坚克难，终成技能大师，攻克焊接技术难关 400 多个，改进工艺 100 多项，为企业培养后备人才队伍。

2021 年 6 月 29 日上午 10 时，"七一勋章"颁授仪式在人民大会堂举行，习近平总书记向 29 名为党和人民做出杰出贡献的共产党员颁授党内最高荣誉，71 岁的艾爱国是其中之一。"七一勋章"颁奖词称，艾爱国是工匠精神的杰出代表，在焊工岗位奉献 50 多年，精益求精，追求卓越，勇于自主创新，攻克了数百项技术难关，成为一身绝技的焊接行业"领军人"。"这枚勋章代表了党和国家对我工作的肯定，焊接是我一辈子离不开的岗位，只要国家有需要，就会一直干下去，以'大国工匠'的标准要求自己。"艾爱国如是说。

"好工人"的奋斗路

为了成为一名真正的好工人，艾爱国在焊工岗位上一干就是近 52 年。当时，焊接技术书籍奇缺，碰到焊条说明书，艾爱国也会收起来研究。装备缺乏，没有面罩，艾爱国就拿一块黑玻璃看电焊师傅怎么焊，手和脸经常被弧光烤灼脱一层皮，胳膊上也留下了大大小小的疤痕。1982 年，艾爱国以优异成绩考取了气焊、电焊双证，成为当时湘潭市唯一一个持有两证的焊工。

攻破技术难题

1983 年，冶金工业部组织全国多家钢铁企业联合研制新型贯流式高炉风口。当时还是普通青年焊工的艾爱国，要求自己去试一试。艾爱国至今都记得第一次试验。那天下大雪，白雪的反光使天空迅速暗下来。他站在高炉旁，汗不断地冒出来，6 个小时过去了，凝结的盐渍使衣服支棱起来，高炉风口的锻造紫铜和铸造紫铜却依旧不重合。他失败了。"只想回家睡觉。"躺在床上，艾爱国翻来覆去地睡不着，脑子里都是白天的场景。"我就干脆爬起来查资料，找失败的原因。"

1984 年 3 月 23 日，准备多时的艾爱国再次尝试，他用石棉绳缠包焊枪，拿石棉板挡住身子，把交流氩弧焊机改造成直流焊机，改进了焊枪，使之能够承受高温。一次又一次的尝试，终于成功焊好了高炉贯流式新型风口的紫铜容器。后来，艾爱国凭借这项技术获得国家科学技术进步二等奖。

退休后，艾爱国通过返聘继续留在湘钢，战斗在生产科研第一线。2018 年，湘钢宽厚板厂从欧洲某公司进口的大电机轮骨架焊缝出现裂纹，造成整条轧制线停产，每一分钟都给企业带来极大损失。湘钢不得不求助该公司售后。然而对方维修后的机器只维持了 4 个月的运转。68 岁的艾爱国听说后，立刻带着 6 名徒弟前往，勘察现场、分析问题、拟定方案、模拟计算、焊接作业，经过 16 小时奋战终于解决裂纹问题，使整个生产线快速复产。

2021 年 3 月，湘钢工程技术公司在焦化工序化产改造工程的蒸氨塔钛合金管道焊接安装中遇到难题。焊接钛合金难度很高，湘钢此前还从未遇到过。艾爱国广泛搜集国内外有关钛合金的焊接案例，撰写焊接工艺材料，又参考自己为外单位修复焊接钛合金管的经验，在焊接实验取得成功后，艾爱国立刻开展焊接任务，直到深夜 1 点多钟才完成。焊缝外观达到一级标准，焊缝探伤检验全部合格。

一有重大项目，艾爱国就会出现在现场，或爬高操作或调试验收，每一个细节都狠抓落实。当旁人询问艾爱国是否会感觉到累时，他这样回答："我就是喜欢焊接，干活是累，但有动力就没有怨言。"

毫不畏缩的"劳模"

在华菱湘钢，艾爱国还有另外一个名字"艾劳模"。1985年，艾爱国被评为湘潭市劳动模范。消息传开了，厂里给艾爱国发了一床毛毯，毛毯上放一张红纸，上面写着一个"奖"字。父亲得知艾爱国选上劳模，给他写了长长一封信。"当上劳模就等于坐上轿子，轿子要坐稳，要起示范带头作用，摔下来，就是摔一家人的脸。"

1989年，湘潭钢铁厂从德国买了一个二手高炉，艾爱国作为焊工代表被一起派到德国波恩去拆除及装运高炉。高炉30多米，想要顺利拆除，必须爬上去。"我上。"在同行面面相觑的时候，艾爱国主动请缨。"我也怕，但我是劳模，是党员，要起示范引领带头的作用。"

2008年湘钢成立焊接实验室，后来又加挂"艾爱国大师工作室"的牌匾。但是，难题也来了。"每名员工都配有一台电脑，我拿到电脑的时候，非常忐忑，当时，我连电脑开机都不会，也不会用拼音打字，看到别人用电脑，自己不敢凑前看。"艾爱国回忆起第一次用电脑的场景。"劳模，不能畏缩，不能一直躺在已有的'光环'上，只有不断学习才能与时俱进。"于是，58岁的艾爱国从开机学起，从打字学起，不停地向周围的同事学习。遇到不懂的英文字母，艾爱国还用中文谐音标注音译名，写在本上，方便背记，Excel是"依克赛尔"，Word是"沃德"。通过这样的学习，艾爱国终于学会用软件绘制工程图，并熟练地通过电脑和智能手机学习国内外最先进的焊接工艺。

2009年，艾爱国被评为新中国60年湖南最具影响劳模。从那时起，在湘潭钢铁厂所有人的口中，"艾爱国"的名字被"劳模"取代了。至此，艾爱国已先后十二次获得湘钢劳动模范称号。

教学单元 3

焊条电弧焊

3.1 焊条电弧焊设备

焊条电弧焊的主要设备包括焊接电源、焊接电缆、焊钳以及面罩、手套等防护用具以及錾子、锤子等工具。

3.1.1 交流弧焊电源

1. 交流弧焊电源的特点及分类

交流弧焊电源也称为弧焊变压器、交流弧焊机，是一种最常用的焊接电源，具有材料成本低、效率高、使用可靠、维修容易等优点。

弧焊变压器是一种特殊的降压变压器，具有陡降的外特性。为了保证陡降外特性及交流电弧稳定燃烧，在电源内部应有较大的感抗。

获得感抗的方法，一般是增加变压器本身的漏磁，或在漏磁变压器的二次回路中串联电抗器。为了能够调节焊接电流，变压器的感抗值一般通过改变动铁心及动绕组的位置或调节铁心的磁饱和程度来进行调节。

根据获得陡降外特性的方法不同，弧焊变压器可归纳为两大类，即串联电抗器类和漏磁类。常用的有三种系列：BX1 系列、BX2 系列、BX3 系列。BX2 系列属于串联电抗器类；BX1 系列和 BX3 系列属于漏磁类。此外，还有 BX6 系列抽头式便携交流弧焊机等。

2. 对交流弧焊电源的基本要求

电弧能否稳定地燃烧，是保证获得优质焊接接头的主要因素之一。为了使电弧稳定燃烧，对交流弧焊电源有以下基本要求。

（1）陡降的外特性

焊接电弧具有把电能转变为热能的作用，电弧燃烧时，电弧两端的电压降与通过电弧的电流值不是固定成正比，其比值随电流大小的不同而变化，电压降与电流的关系可用电弧的静特性曲线来表示，见图 1-30a 和图 3-1 中曲线 3。

为了使焊接电弧由引弧到稳定燃烧，并且短路时，不会因产生过大电流而将弧焊机烧毁，要求焊接电源陡降引弧时，供给较高的电压和较小的电流；当电弧稳定燃烧时，电流增大，而电压应急剧降低；当焊条与焊件短路时，短路电流不应太大，而应限制在一定范围内，一般弧焊机的短路电流不超过焊接电流的1.5倍，能够满足这样要求的电源称为具有陡降外特性或下降外特性的电源。陡降外特性曲线见图3-1中曲线2。

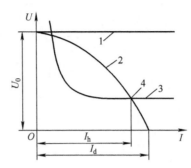

图 3-1　焊接电源的陡降外特性曲线

1—普通照明电源平直外特性曲线　2—焊接电源陡降外特性曲线　3—电弧燃烧的静特性曲线

4——电弧燃烧点　U_0—空载电压　I_h—焊接电流　I_d—短路电流

（2）适当的空载电压

目前我国生产的直流弧焊机的空载电压大多在 40～90V 之间，交流弧焊机的空载电压大多在 60～80V 之间。弧焊机的空载电压过低，不易引燃电弧，过高则在灭弧时易连弧，过低或过高都会给操作带来困难。空载电压过高，还对焊工安全不利。

（3）良好的动特性

焊接过程中，弧焊机的负载总是在不断地变化。例如：引弧时，先将焊条与焊件短路，随后又将焊条拉开；焊接过程中，熔滴从焊条向熔池过渡时，可能发生短路，接着电弧又拉长，都会引起弧焊机的负载发生急剧的变化。由于在焊接回路中总有一定感抗存在，再加上某些弧焊机控制回路的影响，弧焊机的输出电流和电压不可能迅速地依照外特性曲线来变化，而要经过一定时间后才能在外特性曲线上的某一点稳定下来。弧焊机的结构不同，这个过程的时间长短也不同，这种性能称为弧焊机的动特性。弧焊机动特性良好时，其使用性能也好，引弧容易，电弧燃烧稳定，飞溅较少，施焊者明显地感到焊接过程很"平静"。

3. 交流弧焊电源的常见故障及消除方法

交流弧焊电源的常见故障及消除方法见表3-1。

表 3-1　交流弧焊电源的常见故障及消除方法

故障现象	产生原因	消除方法
变压器过热	1）变压器过载 2）变压器绕组短路	1）降低焊接电流 2）消除短路
导线接线处过热	接线处接触电阻过大或接线螺栓松动	将接线松开，用砂纸或小刀将接触面清理出金属光泽，然后旋紧螺栓
手柄摇不动，二次绕组无法移动	二次绕组引出电缆卡住或挤在二次绕组中，螺套过紧	拨开引出电缆，使绕组能顺利移动；松开紧固螺母，适当调节螺套，再旋紧紧固螺母
可动铁心在焊接处发出响声	可动铁心的制动螺栓或弹簧太松	旋紧螺栓，调整弹簧
焊接电流忽大忽小	可动铁心在焊接时位置不稳定	将可动铁心调节手柄固定或将可动铁心固定

（续）

故障现象	产生原因	消除方法
焊接电流过小	1）焊接导线过长、电阻大 2）焊接导线盘成盘状，电感大 3）电缆线接头或与工件接触不良	1）减短导线长度或加大线径 2）将导线放开，不要呈盘形 3）使接头处接触良好

3.1.2　直流弧焊电源

直流弧焊电源也称为直流弧焊机，有直流弧焊发电机、硅弧焊整流器、晶闸管弧焊整流器、晶体管弧焊整流器、逆变弧焊整流器等多种类型。目前生产中，应用最多的为晶闸管弧焊整流器。逆变弧焊整流器重量轻，应用日益广泛，发展较快。

1. 直流弧焊发电机

直流弧焊发电机按照结构的不同，有差复励式弧焊发电机、裂极式弧焊发电机、换向极去磁式弧焊发电机。

2. 硅弧焊整流器

硅弧焊整流器是弧焊整流器的基本形式之一，它以硅二极管作为弧焊整流器的元件，故称为硅弧焊整流器或硅整流焊机。

硅弧焊整流器是将 50/60Hz 的单相或三相交流网路电压，利用降压变压器降为几十伏的电压，经硅整流器整流或输出电抗器滤波，从而获得直流电对电弧供电。

这种焊机的优点是结构简单、坚固、耐用，工作可靠，噪声小，维修方便和效率高。但已逐步被晶闸管弧焊整流器所代替。

3. 晶闸管弧焊整流器

晶闸管弧焊整流器是利用晶闸管来整流，可获得所需要的外特性以及调节焊接电压和电流，而且完全用电子电路来实现控制功能。在其基本原理图（图 3-2）中，T 为降压变压器，VT 为晶闸管桥，L_{dc} 为滤波用电抗器，M 为电流、电压反馈检测电路，G 为给定电压电路，N 为运算放大器电路。

ZX5 系列晶闸管弧焊整流器有 ZX5-250、ZX5-400、ZX5-630、ZX5-1000、ZX5-1250 等多种型号。

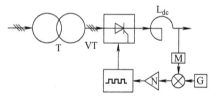

图 3-2　晶闸管弧焊整流器基本原理图

4. 逆变弧焊整流器

逆变弧焊整流器是弧焊电源的最新发展。它是将单相或三相 50/60Hz 的交流网路电压，经整流器整流和电抗器滤波，借助大功率电子开关的交替开关作用，又将直流变换成几千至几万赫兹的中高频交流电，再分别经中频变压器、整流器和电抗器的降压、整流和滤波，得到所需要的焊接电压和电流，即 AC—DC—AC—DC（AC 表示交流，DC 表示直流）。

该种焊机的优点是高效节能，重量轻，体积小，动特性良好，调节速度快，应用越来越广泛。但是，这种整流器要求比较干净的良好工作环境。

5. 直流弧焊电源的常见故障及消除方法

（1）直流弧焊发电机的常见故障及消除方法

直流弧焊发电机的常见故障及消除方法见表 3-2。

表 3-2 直流弧焊发电机的常见故障及消除方法

故障现象	产生原因	消除方法
电动机反转	三相电动机与电源网路接线错误	三相中任意两相调换
焊接过程中电流忽大忽小	1）电缆线与工件接触不良 2）网路电压不稳定 3）电流调节器可动部分松动 4）电刷与铜头接触不良	1）使电缆线与工件接触良好 2）使网路电压稳定 3）固定好电流调节器的松动部分 4）使电刷与铜头接触良好
焊机过热	1）焊机过载 2）电枢绕组短路 3）换向器短路 4）换向器脏污	1）减小焊接电流 2）消除短路 3）消除短路 4）清理换向器，去除污垢
电动机不起动并发出响声	1）三相熔丝中有某一相烧断 2）电动机定子绕组烧断	1）更换新熔丝 2）消除断路
导线接线处过热	接线处接触电阻过大或接触处螺栓松动	将接线松开，用砂纸或小刀将接触面清理出金属光泽

（2）弧焊整流器的常见故障及消除方法

弧焊整流器的使用和维护与交流弧焊机相似，不同的是它装有整流部分，因此必须根据弧焊机整流和控制部分的特点进行使用和维护。当硅整流器损坏时，要查明原因，排除故障后，才能更换新的硅整流器。弧焊整流器的常见故障及消除方法见表 3-3。

表 3-3 弧焊整流器的常见故障及消除方法

故障现象	产生原因	消除方法
机壳漏电	1）电源接线误碰机壳 2）变压器、电抗器、风扇及控制绕组元件等误碰机壳	1）消除误碰 2）消除误碰
空载电压过低	1）电源电压过低 2）变压器绕组短路 3）硅元件或晶闸管损坏	1）调高电源电压 2）消除短路 3）更换硅元件或晶闸管
电流调节失灵	1）控制绕组短路 2）控制回路接触不良 3）控制整流器回路元件击穿 4）印制电路板损坏	1）消除短路 2）使接触良好 3）更换元件 4）更换印制电路板
焊接电流不稳定	1）主回路接触器抖动 2）风压开关抖动 3）控制回路接触不良、工作失常	1）消除抖动 2）消除抖动 3）检修控制回路
工作中焊接电压突然降低	1）主回路部分或全部短路 2）整流元件或晶闸管击穿或短路 3）控制回路断路	1）消除短路 2）更换整流元件或晶闸管 3）检修控制回路
电表无指示	1）电表或相应线路短路 2）主回路发生故障 3）饱和电抗器和交流绕组断线	1）修复电表或接线短路处 2）排除故障 3）消除断路处
风扇电动机不动	1）熔断器熔断 2）电动机阴极或绕组断线 3）开关接触不良	1）更换熔断器 2）接好或修好断线 3）使开关接触良好

3.1.3　电弧焊机的使用和维护

对电弧焊机的正确使用和合理维护，能保证它的工作性能稳定和延长它的使用期限。

1）电弧焊机应尽可能安放在通风良好、干燥、不靠近高温和粉尘多的地方。对于弧焊整流器，要特别注意对硅整流器的保护和冷却。

2）电弧焊机接入电网时，必须使两者电压相符。

3）起动电弧焊机时，电焊钳和焊件不能接触，以防短路。在焊接过程中，也不能长时间短路，特别是弧焊整流器，在大电流工作时，若产生短路则会烧坏硅整流器。

4）改变接法和变极性接法时，应在空载下进行。

5）按照电弧焊机说明书规定的负载持续率下的焊接电流进行使用，不得使电弧焊机过载而损坏。

6）保持焊接电缆和电弧焊机接线柱接触良好。

7）经常检查弧焊发电机的电刷和整流片的接触情况，保持电刷在整流片表面应有适当而均匀的压力，若电刷磨损或损坏时，要及时调换新电刷。

8）露天使用时，要防止灰尘和雨水浸入电弧焊机内部。电弧焊机搬动时，特别是弧焊整流器，不应受剧烈的振动。

9）每台电弧焊机都应有可靠的接地线，以保障安全。

10）当电弧焊机发生故障时，应立即将电弧焊机的电源切断，然后及时进行检查和修理。

11）工作完毕或临时离开工作场地，必须及时切断电弧焊机的电源。

3.2　焊条电弧焊工具

1. 焊钳

焊钳的作用是夹持焊条和传导焊接电流。

焊钳主要由上钳、下钳、弯臂、弹簧、胶木手柄组成。焊钳的外壳均由胶木粉压制的绝缘罩壳保护，上下钳口的罩壳用绝缘耐热的纤维塑料压制而成，焊钳依靠弹簧的压力夹住焊条，见图 3-3。

图 3-3　焊钳

对焊钳的基本要求如下：

1）在任何角度上都能迅速牢固地夹持不同直径的焊条。

2）夹持的地方导电要好。

3）手柄要有良好的绝缘和隔热性能。

4）重量要轻，装换焊条要方便。

2. 焊接电缆

焊接电缆（图 3-4）的作用是传导焊接电流进行引弧和焊接，为特制多股橡胶软电缆。焊条电弧焊时，其导线截面积一般为 $50mm^2$；埋弧焊、电渣焊时，其导线截面积一般为 $75mm^2$ 及以上。焊接电缆的长度应根据工作时的情况具体选定，但不宜过长，否则在电缆线中将产生较大的电压降，而使电弧不够稳定，常用电缆的长度不超过 20m。

3. 焊条保温筒

将烘干的焊条装入焊条保温筒（图 3-5）内，带到工地，接到电弧焊机上，利用电弧焊机二次电流加热，使筒内始终保持 135℃ ±15℃，避免焊条再次受潮。

图 3-4 焊接电缆

图 3-5 焊条保温筒

4. 自控远红外焊条烘干炉

自控远红外焊条烘干炉用于焊条脱水烘干，具有自动控温、定时报警的功能，分单门或双门两种。单门只具有脱水烘干功能，见图 3-6；双门具有脱水烘干和贮藏保温的功能。一般工程选用每次能烘干 20kg 焊条的烘干炉已足够。

5. 钳形电流表

钳形电流表用来测量焊接时二次电流值，见图 3-7，其量程应大于使用的最大焊接电流。

图 3-6 自控远红外焊条烘干炉

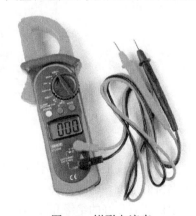

图 3-7 钳形电流表

6. 面罩及护目眼镜

面罩及护目眼镜都是防护用具，见图 3-8，以保护焊工面部及眼睛不受弧光灼伤，面罩上的护目玻璃有减弱电弧光和过滤红外线、紫外线的作用。它有多种色泽，以墨绿色和橙色为多。

图 3-8　面罩及护目眼镜

7. 焊工手套

焊工手套是为防御焊接时的高温、熔融金属、火花烧（灼）手的个人防护用品，见图 3-9，配有 18cm 长的帆布或皮革制的袖筒。

8. 清理工具

清理工具包括敲渣锤、钢丝刷、錾子等，见图 3-10。这些工具用于修理焊缝，清除飞溅物，挖除缺陷。

图 3-9　焊工手套

a) 敲渣锤　　　　　　　　　　b) 钢丝刷　　　　　　　　　　c) 錾子

图 3-10　清理工具

3.3　焊条电弧焊材料

3.3.1　焊条的组成

焊条由焊芯和药皮两部分组成。

1. 焊芯

焊芯是焊条中的钢芯。焊芯在电弧高温作用下与母材熔化在一起，形成焊缝。

国家标准规定了焊芯的牌号。根据焊接的需要，焊芯用的钢芯有四十多种。

焊芯的牌号用 "H" 表示，后面的数字表示含碳量。其他合金元素含量的表示方法与钢号大致相同。质量等级不同的焊条在最后标以一定符号以示区别。如 H08 表示 $w(C) = 0.08\% \sim 0.10\%$

的低碳钢焊芯；H08A 中的 A 表示高级优质钢，其 $w(S)$、$w(P)$ 均不超过 0.03%，$w(Si) <$
0.03%，$w(Mn) = 0.30\% \sim 0.55\%$。

熔敷金属的合金成分主要从焊芯中过渡，也可以通过焊条药皮来过渡合金成分。

常用焊芯的直径为 2.0mm、2.5mm、3.2mm、4.0mm、5.0mm、5.8mm。焊条的规格通常用
焊芯的直径来表示。焊条长度取决于焊芯的直径、材料、焊条药皮类型等。随着直径的增加，
焊条长度也相应增加。

2. 焊条药皮

焊条药皮是压涂在焊芯表面的涂料层，它在焊接过程中起着极为重要的作用。

（1）药皮的作用

1）保证电弧稳定燃烧，使焊接过程正常进行。

2）利用药皮熔化后产生的气体保护电弧和熔池，防止空气中的氮、氧进入熔池。

3）药皮熔化后形成熔渣覆盖在焊缝表面保护焊缝金属，使它缓慢冷却，有助于气体逸出，
防止气孔的产生，改善焊缝的组织和性能。

4）进行各种冶金反应，如脱氧、还原、去硫、去磷等，从而提高焊缝质量，减少合金元
素烧损。

5）通过药皮将需要的合金元素掺入焊缝金属中，改进和控制焊缝金属的化学成分，以获
得所希望的性能。

6）药皮在焊接时形成套筒，保证熔滴过渡到熔池，可进行全位置焊接，同时使电弧热量
集中，减少飞溅，提高焊缝金属熔敷效率。

（2）药皮的组成

焊条药皮的成分比较复杂，根据不同用途，有以下几种：

1）稳弧剂。它是一些容易电离的物质，多采用钾、钠、钙的化合物，如碳酸钾、长石、
白垩、水玻璃等，能提高电弧燃烧的稳定性，并使电弧易于引燃。

2）造渣剂。主要是一些矿物，如大理石、锰矿、赤铁矿、金红石、高岭土、花岗石、长
石、石英砂等。造成熔渣后，主要是一些氧化物，其中有酸性的 SiO_2、TiO_2、P_2O_5 等，也有碱
性的 CaO、MnO、FeO 等。

3）造气剂。有机物，如淀粉、糊精、木屑等；无机物，如 $CaCO_3$ 等，这些物质在焊条熔
化时能产生大量的一氧化碳、二氧化碳、氢气等，包围电弧，保护金属不被氧化和氮化。

4）脱氧剂。常用的有锰铁、硅铁、钛铁等。

5）合金剂。常用的有锰铁、铬铁、钼铁、钒铁等铁合金。

6）稀渣剂。常用萤石或二氧化钛来稀释熔渣，以增加其活性。

7）黏结剂。用水玻璃，其作用是使药皮各组成物黏结起来并黏结于焊芯周围。

3.3.2 焊条的分类

1. 按熔渣特性分类

按照焊条药皮熔化后的熔渣特性，有酸性焊条和碱性焊条。

（1）酸性焊条

酸性焊条药皮的主要成分是氧化铁、氧化锰、氧化钛以及其他在焊接时易放出氧气的物

质，药皮里的有机物为造气剂，焊接时会产生保护气体。

此类焊条药皮里有各种氧化物，具有较强的氧化性，对铁锈不敏感，焊缝很少产生由氢引起的气孔。酸性熔渣，其脱氧主要靠扩散方式，故脱氧不完全。

它不能有效地清除焊缝里的硫、磷等杂质，所以焊缝金属的冲击韧度较低。

这种酸性焊条适用于一般钢结构工程，既适用于交流弧焊电源，也适用于直流弧焊电源，焊接时容易操作，电弧稳定，成本较低廉。

（2）碱性焊条

碱性焊条药皮的主要成分是大理石和萤石，并含有较多的铁合金作为脱氧剂和合金剂。由于焊接时放出的氧少，合金元素很少氧化，焊缝金属合金化的效果较好。这类焊条的抗裂性很好，但由于萤石的存在，不利于电弧的稳定，因此要求用直流电源进行焊接。

碱性熔渣是通过置换反应进行脱氧的，脱氧较完全，并能有效地清除焊缝中的硫和磷，加之焊缝的合金元素烧损较少，能有效地进行合金化，所以焊缝金属性能良好。这种碱性焊条主要用于重要钢结构工程中。

采用此类焊条必须十分注意保持干燥和接头对口附近的清洁，保管时勿使焊条受潮生锈，使用前按规定烘干。接头对口附近 10 ~ 15mm 范围内，要清理至露出纯净的金属光泽，不得有任何有机物及其他污垢等。焊接时，必须采用短弧，防止产生气孔。

碱性焊条在焊接过程中，会产生 HF 气体和 K_2O，对焊工健康有害，故需加强焊接场所的通风。

2. 国家标准焊条型号

现行国家标准《非合金钢及细晶粒钢焊条》（GB/T 5117—2012）和《热强钢焊条》（GB/T 5118—2012）中，焊条型号根据熔敷金属的抗拉强度、药皮类型、焊接位置和焊接电源种类编制。

焊条型号编制方法如下：字母 E 表示焊条（electrode）；前两位数字表示熔敷金属最小抗拉强度值；第三位数字表示焊条的焊接位置：0 及 1 表示焊条适用于全位置焊接，2 表示焊条适用于平焊和平角焊；4 表示焊条适用于向下立焊；第三位和第四位数字组合时，表示焊接电流种类和药皮类型。碳钢焊条的强度等级有 43、50、55、57 四种；低合金钢焊条的强度等级有 50、52、55、62 四种。

E4303 型：E 表示碳钢焊条；43 表示熔敷金属抗拉强度的最小值是 430MPa；03 表示焊条的药皮类型是钛型，爆接位置是全位置，电流种类是交直流两用。

E5015 型：E 表示碳钢焊条；50 表示熔敷金属抗拉强度的最小值是 490MPa；15 表示焊条的药皮类型为碱性，适用于全位置焊接，电流种类是直流反接。

药皮类型代号见表 3-4。

表 3-4　药皮类型代号

代号	药皮类型	焊接位置[①]	电流类型
03	钛型	全位置[②]	交流和直流正、反接
10	纤维素	全位置	直流反接
11	纤维素	全位置	交流和直流反接
12	金红石	全位置[②]	交流和直流正接
13	金红石	全位置[②]	交流和直流正、反接

（续）

代号	药皮类型	焊接位置①	电流类型
14	金红石 + 铁粉	全位置②	交流和直流正、反接
15	碱性	全位置②	直流反接
16	碱性	全位置②	交流和直流反接
18	碱性 + 铁粉	全位置②	交流和直流反接
19	钛铁矿	全位置②	交流和直流正、反接
20	氧化铁	PA、PB	交流和直流正接
24	金红石 + 铁粉	PA、PB	交流和直流正、反接
27	氧化铁 + 铁粉	PA、PB	交流和直流正、反接
28	碱性 + 铁粉	PA、PB、PC	交流和直流反接
40	不做规定	由制造商确定	
45	碱性	全位置	直流反接
48	碱性	全位置	交流和直流反接

① 焊接位置见 GB/T 16672，其中 PA = 平焊，PB = 平角焊，PC = 横焊，PG = 向下立焊。

② 此处"全位置"并不一定包含向下立焊，由制造商确定。

3.3.3 焊条的选用

焊条电弧焊所用的焊条，其性能应符合现行国家标准《非合金钢及细晶粒钢焊条》（GB/T 5117—2012）、《热强钢焊条》（GB/T 5118—2012）中的规定，其型号应根据设计确定；若设计无规定时，应按等强原则选用。

1. 焊条的存放

1）各类焊条必须分类、分牌号存放，避免混乱。

2）焊条必须存放于通风良好、干燥的仓库内，需垫高和离墙 0.3m 以上，使上下左右空气流通。

2. 焊条的使用

1）焊条应有制造厂的合格证，凡无合格证或对其质量有怀疑时，应按批抽查试验，合格者方可使用，存放多年的焊条应进行工艺性能试验后再使用。

2）焊条如发现内部有锈迹，须试验合格后方可使用。焊条受潮严重，已发现药皮脱落者，一概予以报废。

3）焊条使用前，一般应按说明书规定的烘焙温度进行烘干。

酸性焊条保存时应有防潮措施，受潮的焊条使用前应在 100 ~ 150℃范围内烘焙 1 ~ 2h。若贮存时间短且包装完好，使用前也可不再烘焙。烘焙时，烘箱温度应缓慢升高，避免将冷焊条放入高温烘箱内，或突然冷却，以免药皮开裂。

低氢焊条使用前应在 300 ~ 430℃范围内烘焙 1 ~ 2h，或按厂家提供的焊条使用说明书进行烘干。焊条放入时，烘箱的温度不应超过规定最高烘焙温度的一半，烘焙时间以烘箱达到规定最高烘焙温度后开始计算。烘干后的低氢焊条应放置于温度不低于 120℃的保温箱中存放、待用，使用时应置于保温筒中，随用随取。

焊条烘干后在大气中放置时间不应超过 4h。用于焊接Ⅲ、Ⅳ类钢材的焊条，烘干后在大气中放置时间不应超过 2h。注意重新烘干次数不应超过 1 次。

3.4 焊条电弧焊施工工艺

引弧

3.4.1 引弧

电弧焊开始时，引燃焊接电弧的过程称为引弧。引弧时先使（用）焊条与焊件短路，再拉开焊条引燃电弧。根据操作手法不同引弧又可分为划擦法和碰击法两种，见图 3-11。

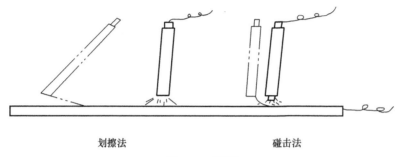

划擦法　　　　　　　　　　　碰击法

图 3-11　引弧

划擦法是先将焊条瞄准引弧位置，然后将手腕扭转一些，让焊条头在焊件上轻微滑动，像划火柴似的，然后手腕拧平，最后迅速将焊条提起至 2～4mm 处，并保持稳定燃烧。但是划擦引弧时，凡电弧擦过的地方会造成电弧擦伤和污染飞溅，所以最好在坡口内部引弧。

碰击法是先将焊条末端垂直对准焊件，将手腕放下，将焊条末端与焊件的表面轻轻一碰，形成短路后，迅速将焊条提起至 2～4mm 处，保持电弧稳定燃烧。碰击法引弧时飞溅少，对焊件的损害小，但要求焊工有较熟练的操作技巧。

引弧时需要注意以下几点：

1）为了便于引弧，焊条末端应裸露焊芯，若焊条端部有药皮套筒，可戴焊工手套捏除。

2）引弧中焊条与焊件接触后提起速度要适当，太快难以引弧，太慢焊条和焊件粘在一起。

3）引弧中如果焊条与焊件粘在一起，可将焊条左右晃动几下即可脱离。左右晃动若不能取下焊条时，焊条会发热，应立即将焊钳与焊条脱离，以防短路时间太长烧坏焊机。

3.4.2 运条

运条

1. 运条动作

焊条电弧焊的运条方式有很多，均由直线前进、横向摆动和送进焊条三个动作组合而成。

1）直线前进。指焊条沿着焊缝长度的方向做直线移动。

焊条前进移动速度过快会出现焊道较窄，熔合不良现象。焊条前进移动速度过慢会出现焊道过高、过宽，薄焊件烧穿现象。

2）横向摆动。指焊条沿着焊缝宽度的方向做横向的摆动。

焊条的横向摆动是为了得到一定宽度的焊缝，并保证焊缝两侧熔合良好。其摆动幅度应根据焊缝宽度与焊条直径决定。正常的焊缝宽度一般不超过焊条直径的 2～5 倍。焊件越厚摆动越宽，V 形坡口比 I 形坡口摆动宽，外层比内层摆动宽。

3）送进焊条。焊条朝熔池方向逐渐送进，并使焊条熔化金属向熔池过渡，焊条缩短。为了保持一定的电弧长度，焊条必须向熔池送进并保持送进速度与焊条熔化速度相等。若送进速度慢会发生电弧过长或断弧现象。若送进速度快焊条来不及熔化易与焊件粘在一起。

2. 运条方法

常用运条方法包括直线形运条法、直线往复运条法、锯齿形运条法、月牙形运条法、正三角形运条法、斜三角形运条法、正圆圈形运条法、斜圆圈形运条法。

1）直线形运条法。采用这种运条方法焊接时，焊条不做横向摆动，仅沿焊接方向做直线移动。常用于 I 形坡口的对接平焊，多层多道焊。

2）直线往复运条法。采用这种运条方法焊接时，焊条沿焊缝的纵向做来回摆动，特点是焊接速度快、焊缝窄、散热快，适用于薄板和接头间隙较大的多层焊的第一层焊。

3）锯齿形运条法。采用这种运条方法焊接时，焊条做锯齿形连续摆动及向前移动，并在两边稍停片刻，摆动焊条是为了控制熔化金属的流动和得到必要的焊缝宽度，以获得较好的焊缝成形，这种方法在生产中应用较广，多用于厚板对接。

4）月牙形运条法。采用这种运条方法焊接时，焊条沿焊接方向做月牙形的左右摆动，同时需要在两边稍停片刻，以防咬边。这种方法的应用范围和锯齿形运条法基本相同，但此法焊出的焊缝较高。

5）正三角形运条法。采用这种运条方法焊接时，焊条做连续的三角形运动，并不断向前移动。其特点是能一次焊出厚的焊缝断面，且不易产生夹渣缺陷。适用于开坡口对接立焊、T 形接头立角焊。

6）斜三角形运条法。采用这种运条方法焊接时，运条动作与正三角形运条方法相同。适用于焊接平、仰位置的角焊缝和有坡口的横焊缝。

7）正圆圈形运条法。采用这种运条方法焊接时，焊条连续做正圆圈运动并向前移动。适用于焊接厚板的平焊缝。

8）斜圆圈形运条法。采用这种运条方法焊接时，运条动作与正圆圈形运条法相同。其特点是利于控制熔化金属不受重力作用而产生下淌现象，且利于焊缝成形，适用于平仰 T 形接头焊缝和对接横焊缝。

运条的方法还应根据接头形式、坡口形式、焊接位置、焊条直径和性能、焊接工艺要求以及焊工的技术水平等来确定。

3.4.3 收弧

焊接时电弧中断和焊接结束，都会产生弧坑，常出现疏松、裂纹、气孔、夹渣等现象。为了克服弧坑缺陷，就必须采用正确的收尾方法，即为收弧。

常用的收弧方法有画圈收尾法、反复断弧收尾法、回焊收尾法。

收弧

1. 画圈收尾法

画圈收尾法是当焊至终点时，焊条在熔池内做圆圈运动，直到填满弧坑再熄弧，见

图 3-12。此方法适用于厚板焊接，用于薄板焊件时有烧穿危险。

2. 反复断弧收尾法

反复断弧收尾法又称为灭弧法，是当焊至终点时，焊条在弧坑处反复熄弧并引弧数次，直到填满弧坑为止，见图 3-13。此方法适用于薄板焊接。

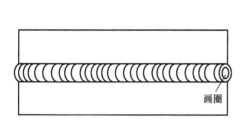

图 3-12　画圈收尾法

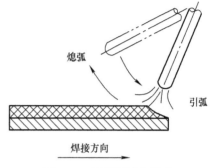

图 3-13　反复断弧收尾法

3. 回焊收尾法

回焊收尾法是当焊至终点时，焊条停止但不熄弧，而是适当改变回焊角度，向回焊约 10mm，等填满弧坑以后，缓慢拉断电弧，见图 3-14。此方法适用于碱性焊条。

3.4.4　焊接参数和极性接法

1. 焊接参数

焊条电弧焊的焊接参数主要有焊接电流、焊条直径、焊接速度和焊接层次。

在钢结构焊接生产中，应根据钢材牌号和厚度、焊接位置、接头形式和焊层选用合适的焊条直径和焊接电流。

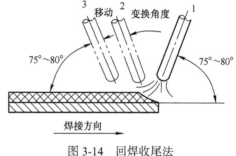

图 3-14　回焊收尾法

当钢材牌号低、钢板厚、平焊位置、坡口宽、焊层高时，可以采用直径较大的焊条，以及相应较大的焊接电流。相反，当钢材牌号高、钢板薄、横焊、立焊、仰焊位置、焊缝根部焊接时，宜选用直径较小的焊条，以及相应较小的焊接电流。

焊接电流过大，容易发生烧穿和咬边，飞溅增大，焊条发红，药皮脱落，保护性能下降。焊接电流太小，容易产生夹渣和未焊透，劳动生产率低。横、立、仰焊时所用的电流宜适当减小。

焊接速度由焊工自行掌握，但是总的说来，一是保证根部熔透，两侧熔合良好，不烧穿、不结瘤；二是提高劳动生产率。

焊条直径有 2.0mm、2.5mm、3.2mm、4.0mm、5.0mm、5.8mm 等多种，在钢结构焊接生产中常用的是 3.2mm、4.0mm、5.0mm 三种。其合适的焊接电流见焊条说明书，或参照表 3-5 选用。

建筑钢结构焊接

表 3-5　不同直径焊条的焊接电流

焊条直径 /mm	3.2	4.0	5.0
焊接电流 /A	100 ~ 120	160 ~ 210	200 ~ 270

2. 极性

在直流焊条电弧焊时，焊件与焊条按电源输出端正、负极的接法称为极性。极性接法有正接极性接法（也称为正接或正极性）和反接极性（也称为反接或反极性）接法两种，见图 3-15。正接极性时，焊件接电源的正极，焊条接电源的负极。反接极性时，焊件接电源的负极，焊条接电源的正极。

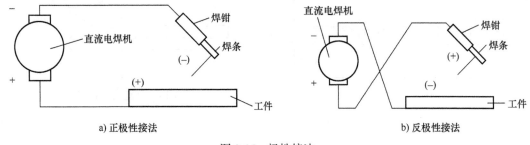

图 3-15　极性接法

在采用常用焊条进行直流焊条电弧焊时，一般采用反极性接法。

焊接人物志

焊接"四大金刚"：焊花闪烁着青春风采

在大明重工有限公司过程装备分公司，提到焊接"四大金刚"，那是小有名气，他们是马彬、田则见、李奇、王竹雨。他们用焊枪创造了诸多成功案例，他们在实践中成长成才，用青春热情点燃年华，为自己所热爱的岗位贡献力量。

"铸梦金刚"马彬是江苏省靖江市人，他的父亲是一名优秀的焊接技师，从学校出来，他便跟随父亲做了储罐、压力容器、桥梁、工艺管道等许多项目。父亲经常教导他："活要干好干漂亮，要么不做，要做就做最好。三百六十行，行行出状元。"父亲的谆谆教导他时刻牢记，时时提醒自己笃信好学，孜孜不倦。在工作中，他看到了更多优秀的焊工师傅，心里也立下了小目标，总有一天会像他们一样。于是，他更加虚心求教，苦练技能，钻研理论。2018 年，公司新成立容器事业部，生产任务尤其重，工期又很紧。在制作某大型化学设备中，首台超大型容器面临的挑战巨大。当时，马彬刚刚进厂不久，但却承担了一些难度较大的焊接工作，如锥体、封头等。最终，他不负重托，顶住了压力，焊接质量和生产进度均获赞赏。工作三年中，马彬焊接的产品返修率极低。在不断提高自己焊接能力的同时，他也帮助同事提高焊接技能，通过传帮带学活动，发挥光和热。他说，希望能凭他的焊接技能帮助更多同事提升焊接技能，发挥自身价值。

"四心金刚"田则见是一位来自山东省菏泽市的帅小伙，工作以来，田则见始终以积极和热情的工作态度对待每条焊缝、每个设备和项目，从无返工。一次，田则见被指派参加 UOP 项目，这让他感受到了比夏天更高的温度，对他和他的团队是最大的考验。厚板焊接前需要加热加温，使板材温度达到 120℃ 以上才能焊接。因前期对厚板材焊接方法不甚了解，这使他们一度停滞不前。田则见与同事沟通，尽快探讨厚板材焊接方法和工艺改善，改善后大幅提高了产品质量和工作效率，降低了劳动强度，焊缝合格率达到 99%。田则见还带领团队运用此前所学知识和积累的经验，共同攻克批量冷凝器、换热器设备的配套。田则见说，焊工需要具备专心、细心、耐心、用心，用有责任心的态度，力求事事完美。

"U 盘金刚"李奇来自安徽，一位朴实且有责任心、极具上进心的小伙子。他像一只自带动力的 U 盘，面对工作任务"即插即用"，"来之能战"并且"战之必胜"。在平时工作中，他极具责任感、不怕苦不怕累，对每条焊缝的外观和内在质量都是力求完美。自 2007 年从事压力容器焊接至今，李奇深知焊接水平的重要性。长期以来，他从不间断加强实际操练和理论钻研，并虚心请教，不断提高自己的焊接技术实力。

"强韧金刚"王竹雨是江苏泗阳人，他热情洋溢、颇具责任心。曾经的一次焊接经历，让他记忆犹新，这也是他最宝贵的财富。当时他需要焊接一批厚约 40mm 的外接订单板，按照此前的焊接方法是加热后熄火再焊接。但焊接后做超声波检测却发现了裂纹。然后，他用碳刨刨掉重新焊，一连几次都是同样裂纹发生。思考再三，他认为这类焊接要 24h 不停火，且一次性焊接完成。考虑到人手问题，王竹雨决定停焊不停火，加热由他负责。一连 48h，他没有离开车间休息，看着火不让其熄灭。最终，一次性焊接完成，且无损检测无裂纹。

教学单元 4

埋　弧　焊

4.1　埋弧焊施工工艺

埋弧焊是相对于明弧焊而言的，是指电弧在颗粒状焊剂层下燃烧的一种焊接方法。焊接时，焊机的起动、引弧、焊丝的送进及热源的移动全由机械控制，是一种以电弧为热源的高效的机械化焊接方法，现已广泛用于建筑钢结构构件生产中。

4.1.1　埋弧焊工作原理

1. 埋弧焊的工作原理

埋弧焊是利用焊丝和焊件之间燃烧的电弧所产生的热量来熔化焊丝、焊剂和焊件而形成焊缝的，见图 4-1。焊接时电源输出端分别接在导电嘴和焊件上，先将焊丝由送丝机构送进，经导电嘴与焊件轻微接触，焊剂由漏斗口经软管流出后，均匀地堆敷在待焊处。引弧后电弧将焊丝和焊件熔化形成熔池，同时将电弧区周围的焊剂熔化并有部分蒸发，形成一个封闭的电弧燃烧空间。密度较小的熔渣浮在熔池表面，将液态金属与空气隔绝开来，有利于焊接冶金反应的进行。随着电弧向前移动，熔池液态金属随之冷却凝固而形成焊缝，浮在表面上的液态熔渣也随之冷却而形成焊渣。

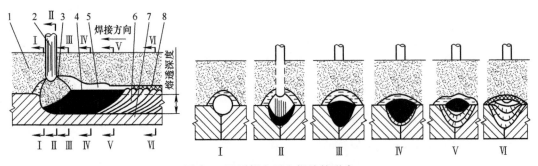

图 4-1　埋弧焊电弧和焊缝的形成

1—焊剂　2—焊丝　3—电弧　4—熔池　5—熔渣　6—焊缝　7—焊件　8—焊渣

埋弧焊工作过程示意图见图 4-2，它由四部分组成：

1）焊接电源接在导电嘴和焊件之间，用来产生电弧。

2）焊丝由送丝盘经送丝机构和导电嘴送入焊接区。

3）颗粒状焊剂由焊剂漏斗经软管均匀地敷到焊缝接口区。

4）焊丝、送丝机构及焊剂漏斗等通常装在一台小车上，以实现焊接电弧的移动。

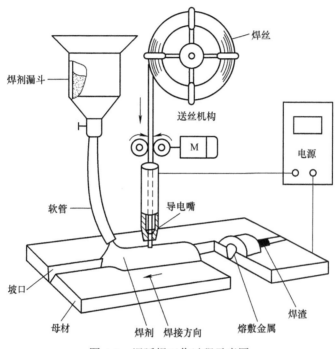

图 4-2　埋弧焊工作过程示意图

2. 埋弧焊自动调节

在埋弧焊过程中，维持电弧稳定燃烧和保持焊接参数基本不变是保证焊接质量的基本条件。为了保持稳定的焊接过程，焊接时首先要依据焊接材料、工件厚度、接头形式及焊接位置等条件，合理选择决定焊缝能量输入的三个主要参数，即焊接电流、电弧电压和送丝速度，以保证焊接过程的稳定进行。

在焊接过程中，如坡口加工及装配不均匀，定位焊、环缝焊时的球体圆度，送丝机构的振动等都可能引起弧长的变化；此外，还有很多因素也可能对焊接稳定产生干扰，但电弧长度变化的干扰是最主要的。为了保证焊接稳定性，必须采用调节系统来消除或减弱干扰带来的不利影响。

在埋弧焊生产中有两种自动调节方法：其一是电弧自身调节系统，它采用缓降特性或平硬特性电源，配等速送丝系统通过改变焊丝熔化速度进行调节，该系统主要用于直径 3mm 及以下的细焊丝埋弧焊；其二是电弧电压反馈变速送丝调节系统，它采用陡降特性或垂降特性电源，配变速送丝系统，该系统主要用于直径 4mm 及以上的粗丝埋弧焊。

4.1.2 埋弧焊优缺点和适用范围

1. 埋弧焊的优点

1）焊接生产率高。埋弧焊可采用较大的焊接电流，同时因电弧加热集中，使熔深增加，单丝埋弧焊可一次焊透20mm以下不开坡口的钢板。而且埋弧焊的焊接速度也较焊条电弧焊快，单丝埋弧焊焊速可达30~50m/h，而焊条电弧焊焊速则不超过6~8m/h，从而提高了焊接生产率。

2）焊缝质量好。因熔池有熔渣和焊剂的保护，使空气中的氮、氧难以侵入，提高了焊缝金属的强度和韧性。一般自动埋弧焊时焊缝金属含氮量较低（表4-1）。同时由于焊接速度快，热输入相对较少，故热影响区的宽度比焊条电弧焊小，有利于减少焊接变形及防止近焊缝的金属过热。另外，焊缝表面光洁、平整，成形美观。

表 4-1 电弧区气体成分及焊缝金属中的含氮量

焊接方法	电弧区气体成分（体积分数，%）					焊缝金属含氮量（%）
	CO	CO_2	H_2	N_2	H_2O	
自动埋弧焊（HJ431）	89~93	—	7~9	≤1.5	—	0.002
焊条电弧焊（钛型焊条）	46.7	5.3	34.5	—	13.5	0.015

3）改变焊工的劳动条件。由于实现了焊接过程机械化，操作较简便，而且电弧在焊剂层下燃烧，没有弧光的有害影响，可省去面罩，同时，放出烟尘也少，因此焊工的劳动作业条件得到了改善。

4）节约焊接材料及电能。由于熔深较大，埋弧焊时可不开或少开坡口，减少了焊缝中焊丝的填充量，也节省了因加工坡口而消耗的母材。由于焊接时飞溅极少，又没有焊条头的损失，所以能够节约焊接材料。另外，埋弧焊的热量集中，而且利用率高，故在单位长度焊缝上，所消耗的电能也大为降低，因此埋弧焊的热效率比焊条电弧焊高得多。自动埋弧焊与焊条电弧焊的热量平衡比较见表4-2。

表 4-2 自动埋弧焊与焊条电弧焊的热量平衡比较

焊接方法	热量形成（%）		热量分配（%）					
	阴、阳极区	弧柱	辐射	飞溅	熔化焊丝或焊芯	熔化母材	母材导热	熔化焊剂或药皮
自动埋弧焊	54	46	1	1	27	45	3	23
焊条电弧焊	66	34	22	10	23	8	30	7

5）焊接范围广。埋弧焊不仅能焊接碳钢、低合金钢、不锈钢，还可以焊接耐热钢及铜合金、镍基合金等有色金属；此外，还可以进行耐磨损、耐腐蚀材料的堆焊；但不适用于铝、钛等氧化性强的金属和合金的焊接。

2. 埋弧焊的缺点

1）埋弧焊采用颗粒状焊剂进行保护，一般只适用于平焊、船形焊和平角焊位置的焊接。其他位置的焊接，则需采用特殊装置来保证焊剂对焊缝区的覆盖和防止熔化金属的漏淌。

2）焊接时不能直接观察电弧与坡口的相对位置，需要采取焊缝自动跟踪装置来保证焊接机头对准焊缝且不焊偏。

3）埋弧焊使用的焊接电流较大，不适用于太薄的焊件。

4）焊接设备比较复杂，维修保养工作量比较大，且仅适用于直的长焊缝和环形焊缝焊接，对于一些形状不规则的焊缝无法焊接。

3. 埋弧焊适用范围

在建筑钢结构制造中，埋弧焊主要在工厂的车间内进行，适用于以下几种常见情况：

1）钢板，特别是厚钢板的对接焊。

2）工字形梁，包括吊车梁以及 H 形焊接钢柱中翼缘板和腹板之间的平角焊，如具有翻转胎具，将焊件转动 45° 进行船形焊。

3）钢球制造中，焊接小车固定不动，两个半圆钢球旋转，进行对接平焊。

4.1.3 埋弧焊焊接参数和工艺条件

埋弧焊主要用于平焊、平角焊和船形焊的焊接位置。对 H 形钢梁进行焊接时，埋弧焊施工时需要注意焊接参数对焊缝形状的影响，以及工艺条件对焊缝成形的影响。

1. 焊接参数对焊缝形状的影响

在埋弧焊中，焊接参数主要包括焊接电流、电弧电压、焊接速度和焊丝直径。这些参数若选用不当，都会对焊缝形状带来不利影响。

（1）焊接电流

当其他条件不变时，焊接电流对熔深的影响见图 4-3，即电流增加，熔深增加。

焊接电流对焊缝断面形状的影响见图 4-4。电流较小时，熔深浅，余高和焊缝宽度不足，容易产生未焊透的质量缺陷；电流过大时，熔深大，余高过大，易产生热裂纹、咬边或成形不良的质量缺陷。

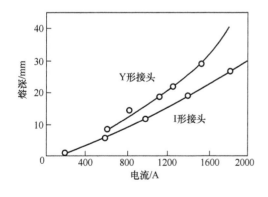

图 4-3 焊接电流与熔深的关系（ϕ 4.8mm）

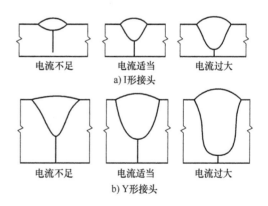

图 4-4 焊接电流对焊缝断面形状的影响

（2）电弧电压

电弧电压和电弧长度成正比。如果其他条件不变，电弧电压对焊缝断面形状的影响见图 4-5。电弧电压较低时，熔深大，焊缝宽度窄，易产生热裂纹；电弧电压过高时，焊缝宽度增加，余高不够。埋弧焊时，电弧电压是依据焊接电流调整的，即一定的焊接电流要保持一定的弧长，才能保持焊接电弧的稳定燃烧，所以电弧电压的变化范围是有限的。

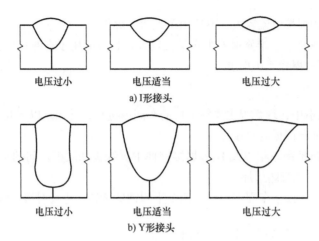

图 4-5　电弧电压对焊缝断面形状的影响

　　焊接电流是决定焊缝厚度的主要因素，而电弧电压则是影响焊缝宽度的主要因素。为了获得良好的焊缝成形，焊接电流必须与电弧电压进行良好的匹配，见表 4-3。

表 4-3　焊接电流与电弧电压的匹配关系

焊接电流 /A	600 ~ 700	700 ~ 850	850 ~ 1000	1000 ~ 1200
电弧电压 /V	34 ~ 36	36 ~ 38	38 ~ 40	40 ~ 42

（3）焊接速度

　　焊接速度对熔深、熔宽有明显影响，见图 4-6。焊接速度小，焊接熔池大，焊缝熔深和熔宽均较大，焊接速度过小，会形成易裂的"蘑菇形"焊缝或产生烧穿、夹渣、焊缝不规则等缺陷。随着焊接速度增加，焊缝熔宽将减小，焊接速度过大，容易形成未焊透、咬边、焊缝粗糙不平等缺陷。

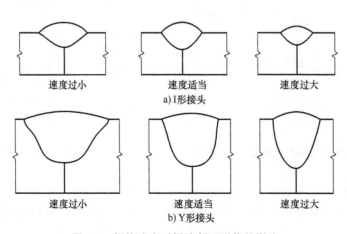

图 4-6　焊接速度对焊缝断面形状的影响

（4）焊丝直径

当焊接电流不变时，随着焊丝直径的增大，电流密度减小，电弧吹力减弱，电弧的摆动作用加强，使焊缝宽度增加而焊缝厚度减小；焊丝直径减小时，电流密度增大，电弧吹力增大，使焊缝厚度增加。故用同样大小的电流焊接时，小直径焊丝可获得较大的焊缝厚度。不同直径的焊丝所适用的焊接电流见表 4-4。

表 4-4　焊丝直径与焊接电流的关系

焊丝直径 /mm	2.0	3.0	4.0	5.0	6.0
焊接电流 /A	200 ~ 400	350 ~ 600	500 ~ 800	700 ~ 1000	800 ~ 1200

2. 工艺条件对焊缝成形的影响

（1）对接坡口形状间隙的影响

在其他条件相同时，增加坡口深度和宽度，焊缝熔深增加，熔宽略有减小，余高显著减小。如果改变间隙大小，对熔深和熔宽也会有一定影响。

（2）焊丝倾角和焊件斜度的影响

焊丝的倾斜分为前倾和后倾两种。倾斜的方向和大小不同，电弧对熔池的吹力和热作用就不同，对焊缝成形的影响也不同，见图 4-7。生产时，用得较多的是后倾法，后倾角 α 一般为 5° ~ 15°。

焊件倾斜焊接时，有上坡焊和下坡焊两种情况，它们对焊缝成形也有一定影响。

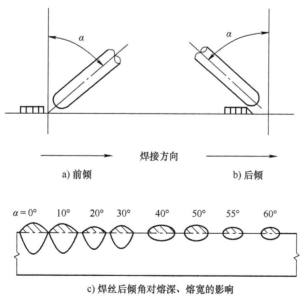

a) 前倾　　　焊接方向　　　b) 后倾

c) 焊丝后倾角对熔深、熔宽的影响

图 4-7　焊丝倾角对焊缝成形的影响

（3）焊剂堆高的影响

埋弧焊焊剂堆高一般在 25 ~ 40mm，应保证在焊丝周围埋住电弧。若焊剂堆高不足，则会影响焊接过程的稳定和焊缝成形。

4.1.4 埋弧焊实施

1. 焊前准备

首先是焊件的坡口加工。依据单丝埋弧焊使用电流范围，当板厚小于14mm时，可以不开坡口，装配时留有5～6mm间隙；当板厚为14～22mm时，一般开V形坡口；当板厚为22～50mm时，开X形坡口。坡口常用刨边机和气割机进行加工，加工精度有一定要求。

其次是装配和定位焊。埋弧焊要求接头间隙均匀，无错边。装配时需要根据不同板厚进行定间距的定位焊，见表4-5。直焊缝接头两端需加引弧板和引出板，以避免引弧和收弧时产生缺陷。

表4-5　埋弧焊装配标准

板厚/mm	焊缝长度/mm	定位焊缝长度/mm
<25	300～500	50～70
>25	200～300	70～100

最后是焊前清理。接缝附近及坡口内的水锈、杂质、铁屑要清理干净。必要时，采用喷砂清理。

焊接前需采取防漏措施，包括双面焊、焊条电弧焊封底、焊剂垫等几种形式。

环缝焊接时，焊丝起弧点应与环的中心偏离一定距离 a（$a = 20 ～ 40mm$），见图4-8。若焊件直径小于250mm，则一般不采用埋弧焊。

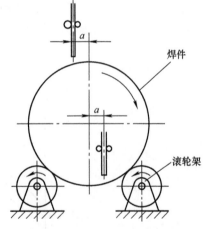

图 4-8　环缝埋弧焊焊丝偏移量

2. 对接焊

建筑钢结构制造中埋弧焊的接头形式，主要是对接接头和T形接头，有时也会用到搭接接头。对接接头埋弧焊时，焊件可开坡口或不开坡口。在不开坡口时，埋弧焊可以一次焊透20mm以下的焊件，但要求预留5～6mm的间隙；当无间隙时，若焊件厚度超过14mm，就要开坡口。

对接接头单面焊时，为了焊件焊透，可采用衬垫。衬垫有多种形式，如焊剂垫、铜板垫、永久性钢板垫，或者锁底焊，还有陶瓷垫（背衬带）。在焊剂垫上对接焊见图4-9。铜板垫尺寸见图4-10和表4-6。陶瓷垫形状与铜板垫相似，具体尺寸随板厚而异；陶瓷垫背面有铝箔胶带，用来将陶瓷垫粘贴在焊件背面。采用焊剂垫、铜板垫、陶瓷垫时，可做到单面焊双面成形。

表4-6　铜板垫尺寸　　　　　　　　　　　　　　　　　　（单位：mm）

焊件厚度	槽宽	槽深	沟槽曲率半径
4～6	10	2.5	7.0
6～8	12	3.0	7.5
8～10	14	3.5	9.5
12～14	18	4.0	12

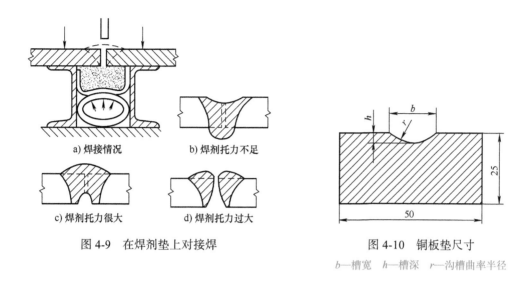

图 4-9　在焊剂垫上对接焊

图 4-10　铜板垫尺寸

b—槽宽　h—槽深　r—沟槽曲率半径

当焊件厚度为 10～40mm 时，可采用双面焊，坡口有 I 形、V 形、X 形，见图 4-11。

双面焊焊接技术的关键是保证第一面焊道（图 4-11 中 1 所表示的区域）的熔深和熔池的不流溢、不烧穿。

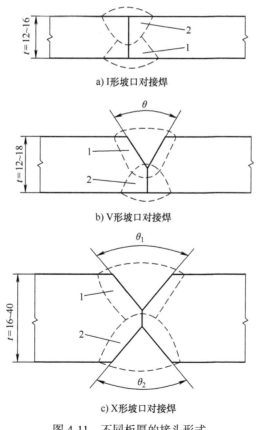

a) I形坡口对接焊

b) V形坡口对接焊

c) X形坡口对接焊

图 4-11　不同板厚的接头形式

3. 角焊

焊接 T 形接头或搭接接头角焊缝时，可采用船形焊和平角焊两种方法。

当采用船形焊时，将焊件翻转 45°，见图 4-12，可为焊缝成形提供最有利的条件。这种接头的装配间隙不超过 1mm，否则必须采取措施，以防止液态金属流失。船形焊焊接参数见表 4-7。

表 4-7　船形焊焊接参数

焊脚尺寸 /mm	焊丝直径 /mm	焊接电流 /A	电弧电压 /V	焊接速度 /（cm/min）
6	2	450 ~ 475	34 ~ 36	67
8	3	550 ~ 600	34 ~ 36	50
10	2	575 ~ 625	34 ~ 36	50
	3	600 ~ 650	34 ~ 36	38
12	2	650 ~ 700	34 ~ 36	38
	3	600 ~ 650	34 ~ 36	25
	4	725 ~ 775	34 ~ 38	33
	5	775 ~ 825	34 ~ 38	30

注：采用交流电源焊接。

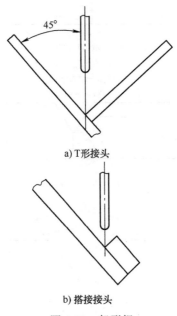

a) T形接头

b) 搭接接头

图 4-12　船形焊

当焊件不便于采用船形焊时，可采用平角焊来焊接角焊缝，见图 4-13。焊丝偏角 α 一般在 20° ~ 30° 之间。采用平角焊时，要控制每一道焊缝的截面积，防止咬边。平角焊焊接参数见表 4-8。

表 4-8　平角焊焊接参数

焊脚尺寸 /mm	焊丝直径 /mm	焊接电流 /A	电弧电压 /V	焊接速度 / (cm/min)	电流种类
3	2	200 ~ 220	25 ~ 28	100	直流
4	2	280 ~ 300	28 ~ 30	92	交流
	3	350	28 ~ 30	92	
5	2	375 ~ 400	30 ~ 32	92	交流
	3	450	28 ~ 30	92	
	4	450	28 ~ 30	100	
6	2	375 ~ 400	30 ~ 32	47	交流
	3	500	30 ~ 32	80	
	4	675	32 ~ 35	83	

注：焊剂用细颗粒 HJ431。

4. 焊接操作

1）技术人员和焊工应首先阅读焊机使用说明书，了解焊机各主要部件的构造和作用，熟悉各操作按钮。

2）对焊机进行调试，掌握各项焊接参数的调整方法。

3）进行试焊，观察焊缝成形，切取焊缝和接头横截面，了解熔深和焊根熔透情况，是否符合要求。

4）正式施焊，特别注意可能产生的各种焊接缺陷，发现问题及时消除，并做好预防。

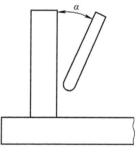

图 4-13　平角焊

4.2　埋弧焊设备

4.2.1　埋弧焊设备分类

埋弧焊设备分自动埋弧焊机和手工埋弧焊机两种，手工埋弧焊机目前已很少应用。自动埋弧焊机的主要功能是：①连续不断地向电弧区送进焊丝；②输出焊接电流；③使焊接电弧沿焊缝移动；④控制电弧的主要参数；⑤控制焊接的开始和停止；⑥向焊接区输送焊剂；⑦焊前调整焊丝伸出长度及丝端位置。

埋弧焊设备按用途可分为专用焊机和通用焊机两种，通用焊机如小车式的埋弧焊机，见图 4-14。专用焊机如埋弧角焊机、埋弧堆焊机等，见图 4-15。

图 4-14　通用焊机

图 4-15　专用焊机

埋弧焊设备按送丝方式不同可分为等速送丝式埋弧焊机和变速送丝式埋弧焊机两种，等速送丝式埋弧焊机适用于细焊丝、高电流密度条件的焊接，变速送丝式埋弧焊机适用于粗焊丝、低电流密度条件的焊接。

埋弧焊设备按焊丝的数目和形状不同可分为单丝埋弧焊机、多丝埋弧焊机及带状电极埋弧焊机。目前应用最广的是单丝埋弧焊机。常用的多丝埋弧焊机是双丝埋弧焊机和三丝埋弧焊机。带状电极埋弧焊机主要用于大面积堆焊。

埋弧焊设备按焊机的结构形式可分为小车式、悬挂式、车床式、门架式、悬臂式等。目前小车式、悬臂式用得较多。

尽管生产使用的焊机类型很多，但根据其自动调节的原理都可归纳为电弧自身调节的等速送丝式埋弧焊机和电弧电压自动调节的变速式埋弧焊机。

4.2.2 埋弧焊机的组成

埋弧焊机由焊接电源、机械系统（包括送丝机构、行走机构、导电嘴、焊丝盘、焊剂漏斗等）、控制系统（控制箱、控制盘）等部分组成。典型的小车式埋弧焊机组成见图4-16。

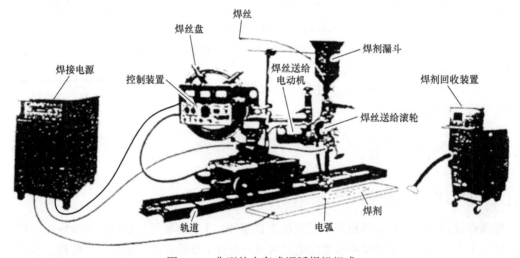

图4-16　典型的小车式埋弧焊机组成

1.焊接电源

埋弧焊电源有交流电源和直流电源。通常直流电源适用于焊接电流小、快速引弧、焊缝长度短、焊接速度高、焊剂稳弧性较差及对参数稳定性要求较高的场合，见图4-17。交流电源多用于焊接电流大及直流磁偏吹严重的场合。一般埋弧焊电源的额定电流为500～2000A，具有缓降或陡降外特性，负载持续率100%。

2.机械系统

送丝机构包括送丝电动机及转动系统、送丝滚轮和矫直滚轮等，它的作用是可靠地送丝并具有较宽的调节范围。行走机构包括行走电动机及转动系统、行走轮及离合器等。行走轮一般采用绝缘橡胶轮，以防焊接电流经车轮而短路；焊丝的接电是靠导电嘴实现的，对其要求是电导率高、耐磨、与焊丝接触可靠。埋弧焊机机械系统见图4-18。

图 4-17　伊萨（ESAB）埋弧焊用直流电源

图 4-18　埋弧焊机机械系统

3. 控制系统

埋弧焊的控制系统比较复杂。以通用小车式埋弧焊机为例，它的控制系统包括送丝与行走控制系统、引弧和熄弧程序控制、电源输出特性控制等。若是门架式、悬臂式专用焊机还可能包括横臂伸缩、升降、立柱旋转、焊机回收等控制环节，见图 4-19。

4. MZ1-1000 型埋弧焊机

MZ1-1000 型埋弧焊机由焊接小车、控制箱和焊接电源三部分组成。它是典型的等速送丝式埋弧焊机，见图 4-20。MZ 表示埋弧自动焊机，1 表示型号，1000 表示焊机的额定电流是 1000A。

这种焊机的控制系统比较简单，外形尺寸不大，焊接小车结构也较简单，使用方便，可使用交流和直流焊接电源，主要用于焊接水平位置及倾斜角度小于 15° 的对接焊缝和角焊缝，也可以焊接直径较大的环缝。

（1）焊接小车

交流电动机为送丝机构和行走机构共同使用，电动机两头出轴，一头经送丝机构减速器送给焊丝，另一头经行走机构减速器带动焊车。

图 4-19　埋弧焊机控制系统

焊接小车的回转托架上装有焊剂漏斗、控制箱、焊丝盘、焊丝矫直机构和导电嘴等。焊丝从焊丝盘经矫直机构、送丝轮和导电嘴送入焊接区，所用的焊丝直径为 1.6 ~ 5mm。焊丝送给速度调节范围为 0.87 ~ 6.7m/min，焊接速度调节范围为 16 ~ 126m/h。MZ1-1000 型埋弧焊机焊接小车见图 4-21。

（2）控制箱

控制箱内装有电源接触器、中间继电器、降压变压器、电流互感器等电气元件，在外壳上装有控制电源的转换开关、接线及多芯插座等，见图 4-22。

（3）焊接电源

常见的埋弧焊交流电源采用 BX2-1000 型同体式弧焊变压器，有时也采用具有缓降外特性的弧焊整流器。

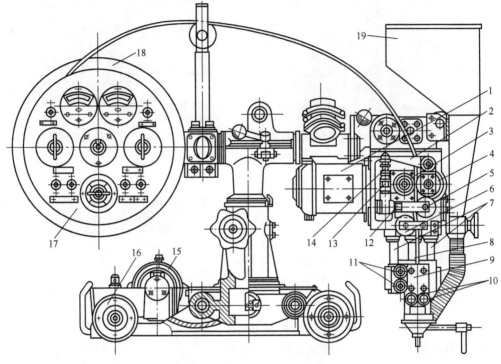

图 4-20　MZ1-1000 型埋弧焊机

1—送丝电动机　2—摇杆　3、4—送丝轮　5、6—矫直滚轮　7—圆柱导轨　8—螺杆　9—导电嘴
10—螺钉（压金属导电块用）　11—螺钉（接电极用）　12—螺钉　13—调节螺母　14—弹簧
15—小车电动机　16—小车车轮　17—控制箱　18—焊丝盘　19—焊剂漏斗

图 4-21　MZ1-1000 型埋弧焊机焊接小车

图 4-22　MZ1-1000 型埋弧焊机控制箱

4.2.3　埋弧焊辅助设备

埋弧焊机一般都有相应的辅助设备与焊机相配合，埋弧焊的辅助设备大致有以下五种类型。

1. 焊接夹具

焊接夹具的作用在于使焊件被准确定位并夹紧，以便于焊接。这样可以减少或免除定位焊缝，并且可以减少焊接变形。焊接夹具往往与其他辅助设备联用，如单面焊双面成形装置等。图 4-23 为一种钢板拼焊用的大型门式焊接夹具，配有单面焊双面成形装置（钢板垫）。

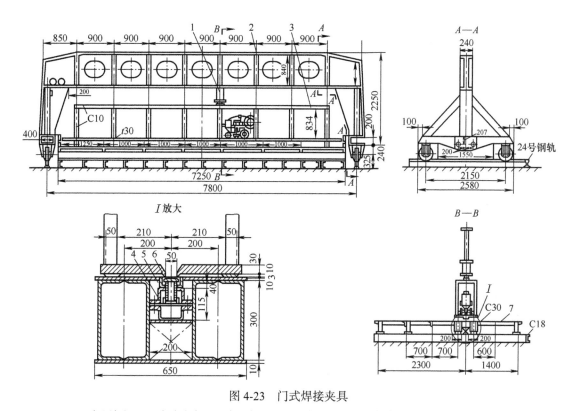

图 4-23　门式焊接夹具

1—加压气缸　2—行走大车　3—加压架　4—长形气室　5—顶起柱塞　6—钢板垫　7—平台

2. 工件变位设备

工件变位设备的主要功能是使工件旋转、倾斜、翻转，以便把待焊的接缝置于最佳的焊接位置，达到提高生产率、改善焊接质量、减轻劳动强度的目的。

3. 焊机变位设备

焊机变位设备及焊接操作机的主要功能是将焊接机头准确地送到待焊位置，焊接时可在该位置操作，或是以一定速度沿规定的轨迹移动焊接机头进行焊接。

4. 焊缝成形设备

埋弧焊的电弧功率较大，钢板对接时，为防止熔化金属的流失和烧穿，并使焊缝背面成形，往往需要在焊缝背面加衬垫。除钢板垫、铜板垫外，还有焊剂垫、陶瓷垫等，见图 4-24。

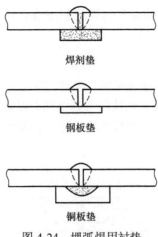

焊剂垫

钢板垫

铜板垫

图 4-24　埋弧焊用衬垫

5. 焊剂回收输送设备

焊剂回收输送设备用于在焊接中自动回收和输送焊剂。焊剂回收器结构有吸入式、吸压式等多种。

焊接人物志

学生研制"蜘蛛一号"，让焊接更智能，效率高 10 倍

2021 年 10 月 22 日，由常州工程职业技术学院智能制造学院、创新创业学院师生共同组成的项目组，通过自主研发和系统集成，研制出具有自主知识产权的"蜘蛛一号"小型焊接机器人，有效解决了焊接工序智能化改造中操作难、精度低、成本高的难题。该项目获得了第七届中国国际"互联网+"大学生创新创业大赛总决赛金奖。

智能制造学院教授李玮副介绍，制造业智能化转型升级过程中，国内众多中小微金属加工制造类企业面临焊接工序智能化改造难题。市场上多数焊接机器人或是通过工人操控机器人手柄，目测设置焊接轨迹，其焊接精度较低；或是通过离线编程控制，其准入门槛较高，设置焊接轨迹时间长、效率低，且多为闭源系统，部署成本高。

为解决这些难题，该项目组召集了来自物联网技术、电气自动化技术、焊接制造等专业的 8 名学生队员，自主研发了对象级的路径规划自学习编程技术，通过采集手动控制焊枪沿焊缝移动的轨迹，信号采用优化的"导纳"控制算法，自动记忆并生成控制程序，不仅实现操作零门槛，还将操作效率提高了 10 倍以上。

"我们重点针对非标件焊接的差异性，设计了一种加速度连续的高效样条曲线插补法，实现了复杂运动轨迹的精准、平滑、高效实施，使位置重复精度可以媲美同级别的国外进口焊接机器人。自主研发的多接口融合技术配合开源系统，使产品可以灵活地与车间内原有的运输车、AGV、运输轨道完美融合，满足不同生产场景的需求，极大地降低了部署成本。"创新创业学院副教授仇志海说。

团队负责人、物联网 1921 班学生黄志宇说，操作者只需拿着"蜘蛛一号"小型焊接机器人的机械臂，围着需要焊接的部位走上一圈，机器人就可以在这个过程中自主学习、自动编程、自行完成焊接，且平均 60s 就可以快速设置焊接轨迹，从而解决了实际工作场景中因频繁切换焊接工件导致工作效率低的问题。

"'蜘蛛一号'在航天晨光股份有限公司飞机异形特种零部件焊接测试中，将产品的合格率提升了 7%，焊接周期缩短了 15 天。"智能制造学院博士生郭发勇说，无论直线焊、圆弧焊还是组合焊缝，"蜘蛛一号"都可以避免普通焊接机器人常见的不良焊缝问题。

"蜘蛛一号"小型焊接机器人已经通过相关部门质量监督检验，机械系统、控制系统、人机交互系统均符合焊接机器人技术条件规定。

4.3　埋弧焊材料

4.3.1　埋弧焊焊丝

1. 焊丝的分类

埋弧焊使用的焊丝有实心焊丝和药芯焊丝两类，生产中普遍使用的是实心焊丝。实心焊丝型号按照化学成分进行划分，其中字母 SU 表示埋弧焊实心焊丝，SU 后数字或数字与字母的组合表示其化学成分分类。例如 SU2M3，SU 表示埋弧焊实心焊丝，2M3 表示化学成分分类。

2. 焊丝的化学成分

现行国家标准《埋弧焊用非合金钢及细晶粒钢实心焊丝、药芯焊丝和焊丝 - 焊剂组合分类要求》（GB/T 5293—2018）中规定了实心焊丝的化学成分，见表 4-9。

3. 焊丝的公称直径

焊丝的公称直径为 1.6mm、2.0mm、2.5mm 时，其极限偏差为 −0.10 ~ 0mm；公称直径为 3.2mm、4.0mm、5.0mm、6.0mm 时，极限偏差为 −0.12 ~ 0mm。

4. 焊丝的表面质量

1）焊丝表面应光滑，无毛刺、凹陷、裂纹、折痕、氧化皮等缺陷或其他不利于焊接操作以及对焊缝金属性能有不利影响的外来物质。

2）焊丝表面允许有不超出直径允许偏差之半的划伤及不超出直径偏差的局部缺陷存在。

3）根据供需双方协议，焊丝表面可采用镀铜、其镀层表面应光滑，不得有肉眼可见的裂纹、麻点、锈蚀及镀层脱落等，见图 4-25。

图 4-25　焊丝表面质量

焊丝表面应当干净光滑，焊丝表面最好镀铜，镀铜层既可起防锈作用，又可改善焊丝与导电嘴的接触导电状况。每盘焊丝的质量为 30 ~ 40kg。

表 4-9　实心焊丝化学成分

焊丝型号	冶金牌号分类	化学成分（质量分数，%）[1]									
		C	Mn	Si	P	S	Ni	Cr	Mo	Cu[2]	其他
SU08	H08	0.10	0.25~0.60	0.10~0.25	0.030	0.030	—	—	—	0.35	—
SU08A[3]	H08A[3]	0.10	0.40~0.65	0.03	0.030	0.030	0.30	0.20	—	0.35	—
SU08E[3]	H08E[3]	0.10	0.40~0.65	0.03	0.020	0.020	0.30	0.20	—	0.35	—
SU08C[3]	H08C[3]	0.10	0.40~0.65	0.03	0.015	0.015	0.10	0.10	—	0.35	—
SU10	H11Mn2	0.07~0.15	1.30~1.70	0.05~0.25	0.025	0.025	—	—	—	0.35	—
SU11	H11Mn	0.15	0.20~0.90	0.15	0.025	0.025	0.15	0.15	0.15	0.40	—
SU111	H11MnSi	0.07~0.15	1.00~1.50	0.65~0.85	0.025	0.025	—	—	—	0.35	—
SU12	H12MnSi	0.15	0.20~0.90	0.10~0.60	0.025	0.025	0.15	0.15	0.15	0.40	—
SU13	H15	0.11~0.18	0.35~0.65	0.03	0.030	0.030	0.30	0.20	—	0.35	—
SU21	H10Mn	0.05~0.15	0.80~1.25	0.10~0.35	0.025	0.025	0.15	0.15	0.15	0.40	—
SU22	H12Mn	0.15	0.80~1.40	0.15	0.025	0.025	0.15	0.15	0.15	0.40	—
SU23	H13MnSi	0.18	0.80~1.40	0.15~0.60	0.025	0.025	0.15	0.15	0.15	0.40	—
SU24	H13MnSiTi	0.06~0.19	0.90~1.40	0.35~0.75	0.025	0.025	0.15	0.15	0.15	0.40	Ti：0.03~0.17
SU25	H14MnSi	0.06~0.16	0.90~1.40	0.35~0.75	0.030	0.030	0.15	0.15	0.15	0.40	—
SU26	H08Mn	0.10	0.80~1.10	0.07	0.030	0.030	0.30	0.20	—	0.35	—
SU27	H15Mn	0.15	0.80~1.10	0.03	0.030	0.030	0.30	0.20	—	0.35	—
SU28	H10MnSi	0.14	0.80~1.10	0.60~0.90	0.030	0.030	0.30	0.20	—	0.35	—
SU31	H11Mn2Si	0.06~0.15	1.40~1.85	0.80~1.15	0.030	0.030	0.15	0.15	0.15	0.40	—
SU32	H12Mn2Si	0.15	1.30~1.90	0.05~0.60	0.025	0.025	0.15	0.15	0.15	0.40	—
SU33	H12Mn2	0.15	1.30~1.90	0.15	0.025	0.025	0.15	0.15	0.15	0.40	—
SU34	H10Mn2	0.12	1.50~1.90	0.07	0.030	0.030	0.30	0.20	—	0.35	—
SU35	H10Mn2Ni	0.12	1.40~2.00	0.30	0.025	0.025	0.10~0.50	0.20	—	0.35	—
SU41	H15Mn2	0.20	1.60~2.30	0.15	0.025	0.025	0.15	0.15	0.15	0.40	—

（续）

焊丝型号	冶金牌号分类	化学成分（质量分数，%）①									
		C	Mn	Si	P	S	Ni	Cr	Mo	Cu②	其他
SU42	H13Mn2Si	0.15	1.50~2.30	0.15~0.65	0.025	0.025	0.15	0.15	0.15	0.40	—
SU43	H13Mn2	0.17	1.80~2.20	0.05	0.030	0.030	0.30	0.20	—	—	—
SU44	H08Mn2Si	0.11	1.70~2.10	0.65~0.95	0.035	0.035	0.30	0.20	—	0.35	—
SU45	H08Mn2SiA	0.11	1.80~2.10	0.65~0.95	0.030	0.030	0.30	0.20	—	0.35	—
SU51	H11Mn3	0.15	2.20~2.80	0.15	0.025	0.025	0.15	0.15	0.15	0.40	—
SUM3④	H08MnMo④	0.10	1.20~16.0	0.25	0.030	0.030	0.30	0.20	0.30~0.50	0.35	Ti：0.05~0.15
SUM31④	H08Mn2Mo④	0.06~0.11	1.60~1.90	0.25	0.030	0.030	0.30	0.20	0.50~0.70	0.35	Ti：0.05~0.15
SU1M3	H09MnMo	0.15	0.20~1.00	0.25	0.025	0.025	0.15	0.15	0.40~0.65	0.40	—
SU1M3TiB	H10MnMoTiB	0.15~0.15	0.65~1.00	0.20	0.025	0.025	0.15	0.15	0.45~0.65	0.35	Ti：0.05~0.30 B:0.005~0.030
SU2M1	H12MnMo	0.15	0.80~1.40	0.25	0.025	0.025	0.15	0.15	0.15~0.40	0.40	—
SU3M1	H12Mn2Mo	0.15	1.30~1.90	0.25	0.025	0.025	0.15	0.15	0.15~0.40	0.40	—
SU2M3	H11MnMo	0.17	0.80~1.40	0.25	0.025	0.025	0.15	0.15	0.40~0.65	0.40	—
SU2M3TiB	H11MnMoTiB	0.05~0.17	0.95~1.35	0.20	0.025	0.025	0.15	0.15	0.40~0.65	0.35	Ti：0.05~0.30 B:0.005~0.030
SU3M3	H10MnMo	0.17	1.20~1.90	0.25	0.025	0.025	0.15	0.15	0.40~0.65	0.40	—
SU4M1	H13Mn2Mo	0.15	1.60~2.30	0.25	0.025	0.025	0.15	0.15	0.15~0.40	0.40	—
SU4M3	H14Mn2Mo	0.17	1.60~2.30	0.25	0.025	0.025	0.15	0.15	0.40~0.65	0.40	—
SU4M31	H10Mn2SiMo	0.05~0.15	1.60~2.10	0.50~0.80	0.025	0.025	0.15	0.15	0.40~0.65	0.40	—
SU4M32⑤	H11Mn2Mo⑤	0.05~0.17	1.65~2.20	0.20	0.025	0.025	—	—	0.45~0.65	0.35	—
SU5M3	H11Mn3Mo	0.15	2.20~2.80	0.25	0.025	0.025	0.15	0.15	0.40~0.65	0.40	—
SUN2	H11MnNi	0.15	0.75~1.40	0.30	0.020	0.020	0.75~1.25	0.20	0.15	0.40	—
SUN21	H08MnSiNi	0.12	0.80~1.40	0.40~0.80	0.020	0.020	0.75~1.25	0.20	0.15	0.40	—
SUN3	H11MnNi2	0.15	0.80~1.40	0.25	0.020	0.020	1.20~1.80	0.20	0.15	0.40	—

建筑钢结构焊接

（续）

焊丝型号	冶金牌号分类	化学成分（质量分数，%）①									
		C	Mn	Si	P	S	Ni	Cr	Mo	Cu②	其他
SUN31	H11Mn2Ni2	0.15	1.30~1.90	0.25	0.020	0.020	1.20~1.80	0.20	0.15	0.40	—
SUN5	H12MnNi2	0.15	0.75~1.40	0.30	0.020	0.020	1.80~2.90	0.20	0.15	0.40	—
SUN7	H10MnNi3	0.15	0.60~1.40	0.30	0.020	0.020	2.40~3.80	0.20	0.15	0.40	—
SUCC	H11MnCr	0.15	0.80~1.90	0.30	0.030	0.030	0.15	0.30~0.60	0.15	0.20~0.45	—
SUN1C1C④	H08MnCrNiCu④	0.10	1.20~1.60	0.60	0.025	0.020	0.20~0.60	0.30~0.90	—	0.20~0.50	—
SUNCC1④	H10MnCrNiCu④	0.12	0.35~0.65	0.20~0.35	0.025	0.030	0.40~0.80	0.50~0.80	0.15	0.30~0.80	—
SUNCC3	H11MnCrNiCu	0.15	0.80~1.90	0.30	0.030	0.030	0.05~0.80	0.50~0.80	0.15	0.30~0.55	—
SUN1M3④	H13Mn2NiMo④	0.10~0.18	1.70~2.40	0.20	0.025	0.025	0.40~0.80	0.20	0.40~0.65	0.35	—
SUN2M1④	H10MnNiMo④	0.12	1.20~1.60	0.05~0.30	0.020	0.020	0.75~1.25	0.20	0.10~0.30	0.40	—
SUN2M3④	H12MnNiMo④	0.15	0.80~1.40	0.25	0.020	0.020	0.80~1.20	0.20	0.40~0.65	0.40	—
SUN2M31④	H11Mn2NiMo④	0.15	1.30~1.90	0.25	0.020	0.020	0.80~1.20	0.20	0.40~0.65	0.40	—
SUN2M32④	H12Mn2NiMo④	0.15	1.60~2.30	0.25	0.020	0.020	0.80~1.20	0.20	0.40~0.65	0.40	—
SUN3M3④	H11MnNi2Mo④	0.15	0.80~1.40	0.25	0.020	0.020	1.20~1.80	0.20	0.40~0.65	0.40	—
SUN3M31④	H11Mn2Ni0Mo④	0.15	1.30~1.90	0.25	0.020	0.020	1.20~1.80	0.20	0.40~0.65	0.40	—
SUN4M1④	H15MnNi2Mo④	0.12~0.19	0.60~1.00	0.10~0.30	0.015	0.030	1.60~2.10	0.20	0.10~0.30	0.35	—
SUG⑥	HG⑥	其他协定成分									

注：表中单值均为最大值。
① 化学分析应按表中规定的元素进行分析。如果在分析过程中发现其他元素，这些元素的总量（除铁外）不应超过0.50%。
② Cu含量是包括镀铜层中的含量。
③ 根据供需双方协议，此类焊丝非沸腾钢允许硅含量不大于0.07%。
④ 此类焊丝也列于GB/T 36034中。
⑤ 此类焊丝也列于GB/T 12470中。
⑥ 表中未列出的焊丝型号可用相类似的型号表示，词头加字母SUG，未列出的焊丝冶金牌号分类可用相类似的冶金牌号分类表示，词头加HG。化学成分不进行规定，两种分类之间不可替换。

100

5. 焊接电流范围

自动埋弧焊时，一般使用直径为 3 ~ 6mm 的焊丝，使用的焊接电流范围见表 4-10。一定直径的焊丝，使用的电流有一定范围，使用电流越大，熔敷效率越高。而同一电流使用较小直径的焊丝，可加大焊缝熔深，减小熔化宽度。当焊件装配不良时，宜选用较粗焊丝。

表 4-10　焊接电流范围

焊丝直径 /mm	3.0	4.0	5.0	6.0
焊接电流 /A	200 ~ 1000	340 ~ 1100	400 ~ 1300	600 ~ 1600

4.3.2　埋弧焊焊剂

埋弧焊焊剂在焊接过程中可以隔离空气、保护焊缝金属不受空气侵害，并可以参与熔池金属的冶金反应。

1. 焊剂的作用

埋弧焊焊剂的作用，具体如下：

1）焊剂熔化后产生气体和熔渣，保护电弧和熔池，保护焊缝金属，更好地防止焊缝金属被氧化和氮化。

2）减少焊缝金属的蒸发和烧损。

3）使焊接过程稳定。

4）具有脱氧和掺合金的作用，使焊缝金属获得所需要的化学成分和力学性能。

5）焊渣对接头有保温缓冷作用。

2. 对焊剂的要求

1）保证焊缝金属获得所需要的化学成分和力学性能。

2）保证电弧燃烧稳定。

3）对锈、油及其他杂质的敏感性要小，硫、磷含量要低，以保证焊缝中不产生裂纹和气孔等缺陷。

4）焊剂在高温状态下要有合适的熔点和黏度以及一定的熔化速度，以保证焊缝成形良好，焊后有良好的脱渣性。

5）焊剂在焊接过程中不应析出有毒气体。

6）焊剂的吸潮性要小。

7）具有合适的粒度，焊剂的颗粒要具有足够的强度，以保证焊剂的多次使用。

3. 焊剂颗粒度和其他要求

现行国家标准《埋弧焊和电渣焊用焊剂》（GB/T 36037—2018）规定焊剂为颗粒状，焊剂应能自由地通过标准焊接设备的焊剂供给管道、阀门和喷嘴。焊剂颗粒可用表 4-11 所列的颗粒度代号、颗粒度或筛目目数表示。焊剂可按不同的颗粒度范围供货，超出颗粒度范围的粗颗粒和细颗粒焊剂总计应不大于 10%（质量分数）。

表 4-11　焊剂颗粒度代号

颗粒度代号	颗粒度 /mm	参考常用筛目目数（筛孔尺寸 /mm）
25	2.5	8（2.36）
20	2.0	10（2）
16	1.6	12（1.7）
14	1.4	14（1.4）
12	1.25	16（1.18）
8	0.8	20（0.850）
5	0.5	35（0.500）
4	0.4	40（0.425）
3	0.315	50（0.300）
2.5	0.250	60（0.250）
2	0.2	70（0.212）
1	0.1	140（0.106）
0	< 0.1	—

注：根据供需双方协议，允许制造其他颗粒度的焊剂。

　　焊剂中含水量应不大于 0.10%，焊剂中碳粒、铁屑、原材料颗粒、铁合金凝珠及其他杂物的质量分数应不大于 0.30%。焊剂的硫含量应不大于 0.050%，磷含量应不大于 0.060%。焊剂焊接时焊道应整齐、成形美观、脱渣容易，焊道与焊道之间、焊道与母材之间过渡平滑，不应产生较严重的咬边现象。

　　焊剂若受潮，使用前必须烘焙，烘焙温度一般为 250℃，保温 1 ~ 2h。

4. 焊剂的表示

　　现行国家标准《埋弧焊用非合金钢及细晶粒钢实心焊丝、药芯焊丝和焊丝 - 焊剂组合分类要求》（GB/T 5293—2018）中规定，实心焊丝 - 焊剂组合分类按照力学性能、焊后状态、焊剂类型和焊丝型号等进行划分。焊丝 - 焊剂组合分类由如下五部分组成：

　　1）第一部分：用字母 S 表示埋弧焊焊丝 - 焊剂组合。

　　2）第二部分：表示多道焊在焊态或焊后热处理条件下，熔敷金属的抗拉强度代号，见表 4-12；或者表示用于双面单道焊时焊接接头的抗拉强度代号，见表 4-13。

　　3）第三部分：表示冲击吸收能量 KV_2 不小于 27J 时的试验温度代号，见表 4-14。

　　4）第四部分：表示焊剂类型代号，焊剂类型代号及主要化学成分见表 4-15。

　　5）第五部分：表示实心焊丝型号，见表 4-9；或者表示药芯焊丝 - 焊剂组合的熔敷金属化学成分分类，见表 4-16。

　　除以上强制分类代号外，可在组合分类中附加如下可选代号：

　　1）字母 U，附加在第三部分之后，表示在规定的试验温度下，冲击吸收能量应不小于 47J。

　　2）扩散氢代号 H×，附加在最后，其中 × 可为数字 15、10、5、4 或 2，分别表示每 100g 熔敷金属中扩散氢含量（单位为 mL）的最大值，见表 4-17。

　　例如 S55S4AB-SU2M3：首字母 S 表示埋弧焊用焊丝 - 焊剂组合；55S 表示双面单道焊焊接接头抗拉强度最小值为 550MPa；4 表示冲击吸收能量不小于 27J 时的试验温度为 −40℃；AB 表示焊剂类型；SU2M3 表示实心焊丝型号。

　　例如 S49A2UAB-SU41H5：首字母 S 表示埋弧焊用焊丝 - 焊剂组合；49A 表示在焊态下多道焊熔敷金属抗拉强度最小值为 490MPa；2U 表示冲击吸收能量不小于 47J 时的试验温度为 −20℃；AB 表示焊剂类型；SU41 表示实心焊丝型号；H5 为可选附加代号，表示每 100g 熔敷金属中扩散氢含量不大于 5mL。

　　例如 S55A8UAB-TUN7：首字母 S 表示埋弧焊用焊丝 - 焊剂组合；55A 表示在焊态下多道焊熔敷金属抗拉强度最小值为 550MPa；8U 表示冲击吸收能量不小于 47J 时的试验温度为 −80℃；AB 表示焊剂类型；TUN7 表示药芯焊丝 - 焊剂组合熔敷金属的化学成分类。

表 4-12　多道焊熔敷金属抗拉强度代号

抗拉强度代号[①]	抗拉强度 R_m/MPa	下屈服强度[②] R_{eL}/MPa	断后伸长率 A（%）
43 ×	430~600	≥ 330	≥ 20
49 ×	490~670	≥ 390	≥ 18
55 ×	550~740	≥ 460	≥ 17
57 ×	570~770	≥ 490	≥ 17

①　× 是 A 或者 P，A 指在焊态条件下试验，P 指在焊后热处理条件下试验。

②　当屈服发生不明显时，应测定规定塑性延伸强度 $R_{p0.2}$。

表 4-13　双面单道焊焊接接头的抗拉强度代号

抗拉强度代号	抗拉强度 R_m/MPa
43S	≥ 430
49S	≥ 490
55S	≥ 550
57S	≥ 570

表 4-14　冲击试验温度代号

冲击试验温度代号	冲击吸收能量不小于 27J 时的试验温度[①]/℃
Z	无要求
Y	20
0	0
2	−20
3	−30
4	−40
5	−50
6	−60
7	−70
8	−80
9	−90
10	−100

①　如果冲击试验温度代号后附加了字母 U，则冲击吸收能量不小于 47J。

表 4-15 焊剂类型代号及主要化学成分

焊剂类型代号	主要化学成分（质量分数，%）	
MS（硅锰型）	$MnO + SiO_2$	$\geqslant 50$
	CaO	$\leqslant 15$
CS（硅钙型）	$CaO + MgO + SiO_2$	$\geqslant 55$
	$CaO + MgO$	$\geqslant 15$
CG（镁钙型）	$CaO + MgO$	$5\sim50$
	CO_2	$\geqslant 2$
	Fe	$\leqslant 10$
CB（镁钙碱型）	$CaO + MgO$	$30\sim80$
	CO_2	$\geqslant 2$
	Fe	$\leqslant 10$
CG-I（铁粉镁钙型）	$CaO + MgO$	$5\sim45$
	CO_2	$\geqslant 2$
	Fe	$15\sim60$
CB-I（铁粉镁钙碱型）	$CaO + MgO$	$10\sim70$
	CO_2	$\geqslant 2$
	Fe	$15\sim60$
GS（硅镁型）	$MgO + SiO_2$	$\geqslant 42$
	Al_2O_3	$\leqslant 20$
	$CaO + CaF_2$	$\leqslant 14$
ZS（硅锆型）	$ZrO_2 + SiO_2 + MnO$	$\geqslant 45$
	ZrO_2	$\geqslant 15$
RS 型（硅钛型）	$TiO_2 + SiO_2$	$\geqslant 50$
	TiO_2	$\geqslant 20$
AR（铝钛型）	$Al_2O_3 + TiO_2$	$\geqslant 40$
BA（碱铝型）	$Al_2O_3 + CaF_2 + SiO_2$	$\geqslant 55$
	CaO	$\geqslant 8$
	SiO_2	$\leqslant 20$
AAS（硅铝酸型）	$Al_2O_3 + SiO_2$	$\geqslant 50$
	$CaF_2 + MgO$	$\geqslant 20$
AB（铝碱型）	$Al_2O_3 + CaO + MgO$	$\geqslant 40$
	Al_2O_3	$\geqslant 20$
	CaF_2	$\leqslant 22$
AS（硅铝型）	$Al_2O_3 + SiO_2 + ZrO_2$	$\geqslant 40$
	$CaF_2 + MgO$	$\geqslant 30$
	ZrO_2	$\geqslant 5$
AF（铝氟碱型）	$Al_2O_3 + CaF_2$	$\geqslant 70$
FB（氟碱型）	$CaO + MgO + CaF_2 + MnO$	$\geqslant 50$
	SiO_2	$\leqslant 20$
	CaF_2	$\geqslant 15$
G[①]	其他协定成分	

① 表中未列出的焊剂类型可用相类似的符号表示，词头加字母 G，化学成分范围不进行规定，两种分类之间不可替换。

表 4-16　药芯焊丝 - 焊剂组合熔敷金属化学成分

化学成分分类	化学成分（质量分数[1]，%）									
	C	Mn	Si	P	S	Ni	Cr	Mo	Cu	其他
TU3M	0.15	1.80	0.90	0.035	0.035	—	—		0.35	—
TU2M3[2]	0.12	1.00	0.80	0.030	0.030	—	—	0.40 ~ 0.65	0.35	—
TU2M31	0.12	1.40	0.80	0.030	0.030	—	—	0.40 ~ 0.65	0.35	—
TU4M3[2]	0.15	2.10	0.80	0.030	0.030	—	—	0.40 ~ 0.65	0.35	—
TU3M3[2]	0.15	1.60	0.80	0.030	0.030	—	—	0.40 ~ 0.65	0.35	—
TUN2	0.12[3]	1.60[3]	0.80	0.030	0.025	0.75 ~ 1.10	0.15	0.35	0.35	Ti + V + Zr : 0.05
TUN5	0.12[3]	1.60[3]	0.80	0.030	0.025	2.00 ~ 2.90	—	—	0.35	—
TUN7	0.12	1.60	0.80	0.030	0.025	2.80 ~ 3.80	0.15	—	0.35	—
TUN4M1	0.14	1.60	0.80	0.030	0.025	1.40 ~ 2.10	—	0.10 ~ 0.35	0.35	—
TUN2M1	0.12[3]	1.60[3]	0.80	0.030	0.025	0.70 ~ 1.10	—	0.10 ~ 0.35	0.35	—
TUN3M2[4]	0.12	0.70 ~ 1.50	0.80	0.030	0.030	0.90 ~ 1.70	0.15	0.55	0.35	—
TUN1M3[4]	0.17	1.25 ~ 2.25	0.80	0.030	0.030	0.40 ~ 0.80	—	0.40 ~ 0.65	0.35	—
TUN2M3[4]	0.17	1.25 ~ 2.25	0.80	0.030	0.030	0.70 ~ 1.10	—	0.40 ~ 0.65	0.35	—
TUN1C2[4]	0.17	1.60	0.80	0.030	0.035	0.40 ~ 0.80	0.60	0.25	0.35	Ti + V + Zr : 0.03
TUN5C2M3[4]	0.17	1.20 ~ 1.80	0.80	0.030	0.020	2.00 ~ 2.80	0.65	0.30 ~ 0.80	0.50	—
TUN4C2M3[4]	0.14	0.80 ~ 1.85	0.80	0.030	0.020	1.50 ~ 2.25	0.65	0.60	0.40	—
TUN3[4]	0.10	0.60 ~ 1.60	0.80	0.030	0.030	1.25 ~ 2.00	0.15	0.35	0.35	Ti + V + Zr : 0.03
TUN4M2[4]	0.10	0.90 ~ 1.80	0.80	0.020	0.020	1.40 ~ 2.10	0.35	0.25 ~ 0.65	0.35	Ti + V + Zr : 0.03
TUN4M3[4]	0.10	0.90 ~ 1.80	0.80	0.020	0.020	1.80 ~ 2.60	0.65	0.20 ~ 0.70	0.35	Ti + V + Zr : 0.03
TUN5M3[4]	0.10	1.30 ~ 2.25	0.80	0.020	0.020	2.00 ~ 2.80	0.80	0.30 ~ 0.80	0.35	Ti + V + Zr : 0.03
TUN4M21[4]	0.12	1.60 ~ 2.50	0.50	0.015	0.015	1.40 ~ 2.10	0.40	0.20 ~ 0.50	0.35	Ti : 0.03 V : 0.02 Zr : 0.02
TUN4M4[4]	0.12	1.60 ~ 2.50	0.50	0.015	0.015	1.40 ~ 2.10	0.40	0.70 ~ 1.00	0.35	Ti : 0.03 V : 0.02 Zr : 0.02
TUNCC	0.12	0.50 ~ 1.60	0.80	0.035	0.030	0.40 ~ 0.80	0.45 ~ 0.70	—	0.30 ~ 0.75	—
TUG[5]	其他协定成分									

注：表中单值均为最大值。

[1]　化学分析应按表中规定的元素进行分析。如果在分析过程中发现其他元素，这些元素的总量（除铁外）不应超过 0.05%。

[2]　该分类也列于 GB/T 12470 中，熔敷金属化学成分要求一致，但分类名称不同。

[3]　该分类中当 C 最大含量限制在 0.10% 时，允许 Mn 含量不大于 1.80%。

[4]　该分类也列于 GB/T 36034 中。

[5]　表中未列出的分类可用相类似的分类表示，词头加字母 TUG。化学成分范围不进行规定，两种分类之间不可替换。

表 4-17　熔敷金属扩散氢含量

扩散氢代号	每 100g 熔敷金属中的扩散氢含量 /mL
H2	≤ 2
H4	≤ 4
H5	≤ 5
H10	≤ 10
H15	≤ 15

教学单元 5

栓 钉 焊

5.1 栓钉焊施工工艺

5.1.1 栓钉焊基本原理

栓钉焊的
基本原理

将金属螺柱或其他金属紧固件焊到焊件平面上去的方法称为螺柱焊。在现行国家标准《焊接术语》（GB/T 3375—1994）中称为螺柱焊，在电焊机产品中也称为螺柱焊，但在建筑工程中称其为栓钉焊，这里尊重行业习惯，称栓钉焊。它属于熔态压焊的范畴。

栓钉焊与普通电弧焊相比，与同样能把栓钉与平板做 T 形连接的其他工艺方法相比，具有以下特点：

1）焊接时间短，通常小于 1s，不需要填充金属，生产率高；热输入小，焊缝金属和热影响区窄，焊接变形极小。

2）只需单面焊，熔深浅，焊接过程不会对焊件背面造成损害。安装紧固件时，不必钻孔、攻螺纹和铆接，使紧固件之间的间距达到最小，提升了防漏的可靠性。

3）焊前对焊件表面清理要求不太高，焊后也无须清理。

4）与螺纹拧入的螺柱相比所需母材厚度小，因而节省材料，还可减少连接部件所需的机械加工工序，成本低。

5）栓钉焊可焊接小尺寸栓钉、薄母材和异种金属，也可把栓钉焊到有金属涂层的母材上，且有利于保证焊接质量。

6）易于全位置焊接。

7）栓钉的形状和尺寸受焊枪夹持和电源容量限制，底端尺寸受母材厚度的限制。

8）焊接易淬硬金属时，由于焊接冷却速度快，易在焊缝和热影响区形成淬硬组织，接头延性较差。

在建筑钢结构的制作和安装中，栓钉焊有两种：一是普通栓钉焊，见图 5-1；二是穿透栓钉焊，见图 5-2。在钢 - 混凝土组合结构（钢骨混凝土结构）中，为了提高钢构件与混凝土之间的结合力，使其共同工作，可广泛采用普通栓钉焊。在钢 - 混凝土组合楼板和组合梁中，要用穿透栓钉焊，一方面把压型钢板和钢梁连接在一起，另一方面使混凝土与压型钢板紧密结合。

图 5-1　普通栓钉焊

图 5-2　穿透栓钉焊

目前栓钉焊在安装栓钉或类似紧固件方面可取代铆接、钻孔、焊条电弧焊、电阻焊或钎焊，可焊接低碳钢、低合金钢、铜、铝及其他合金材料制作的螺柱、焊钉（栓钉）、销钉以及各种异形钉，广泛应用于钢结构高层建筑、仪表、机车、航空、石油、高速公路、造船、汽车、锅炉、电控柜等行业。

5.1.2　栓钉焊操作过程

1. 焊接准备

1）钢构件表面清理、除锈、去污。

2）栓钉焊定位、划线。

3）栓钉和瓷环的准备与检查。

4）焊接电源、焊接电缆、焊机的检查，可靠接地，接通外电源。

5）调整各项焊接参数，包括焊接电流、电弧电压、栓钉提升高度以及焊接通电时间。

栓钉焊的操作过程

2. 焊接工艺试验

进行焊接工艺试验，观察接头外形是否符合要求，若不符合要求应及时调整焊接参数。

3. 焊接操作

栓钉焊应采用自动定时的栓钉焊机进行施焊。栓钉焊机瞬间电流量大，必须接在独立电源上，电源变压器的额定容量为 100～250kV·A，其值随栓钉的直径增大而增大。在施焊时，不得调节工作电压，但可对焊接电流和通电时间进行调节。另外，穿透栓钉焊和普通栓钉焊在焊接电流和通电时间上也有区别，焊接电流与通电时间参考值见表 5-1，焊接过程见图 5-3。

表 5-1　栓钉焊焊接电流与通电时间参考值

栓钉规格尺寸 /mm	焊接电流 /A		通电时间 /s		栓钉规格尺寸 /mm	焊接电流 /A		通电时间 /s	
	普通栓钉焊	穿透栓钉焊	普通栓钉焊	穿透栓钉焊		普通栓钉焊	穿透栓钉焊	普通栓钉焊	穿透栓钉焊
$\phi 13$	950	—	0.7	—	$\phi 19$	1500	1800	1.0	1.2
$\phi 16$	1250	—	0.8	1.0	$\phi 22$	1800	—	1.2	—

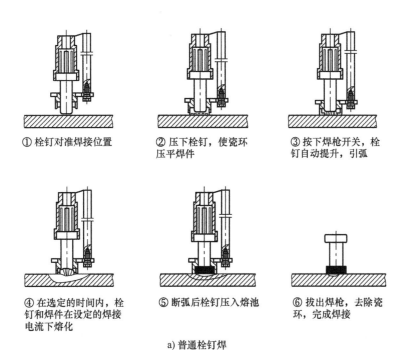

① 栓钉对准焊接位置

② 压下栓钉，使瓷环压平焊件

③ 按下焊枪开关，栓钉自动提升，引弧

④ 在选定的时间内，栓钉和焊件在设定的焊接电流下熔化

⑤ 断弧后栓钉压入熔池

⑥ 拔出焊枪，去除瓷环，完成焊接

a) 普通栓钉焊

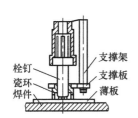

栓钉
瓷环
焊件
支撑架
支撑板
薄板

① 按照焊枪调整要求调整好焊枪，压下枪身，使瓷环和栓钉焊接端面与薄板表面压平

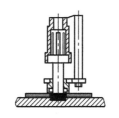

② 压下开关，经过栓钉提升—引弧—接通焊接电流—关闭焊接电流—栓钉插入熔池等一系列过程后，便实现了多层穿透焊

b) 穿透栓钉焊

图 5-3 栓钉焊焊接过程示意图

4. 接头质量检查

1）外观检查。用目测检查栓钉焊端部四周焊缝的连续性、均匀性及熔合情况，以判断焊缝是否有缺陷。容易出现的焊接缺陷有：①栓钉未插入熔池。②磁偏吹，造成焊缝四周不均匀，热量不足。③栓钉不垂直于构件表面。

2）金相检验。有必要时，需进行接头宏观组织金相分析，以检查熔合情况及裂纹等缺陷。

3）力学性能试验。在建筑钢结构工程的施工现场，常用的力学性能试验为弯曲试验，即抽样打弯 30°，完好为合格。必要时，需采用特制的拉力架，进行焊接接头拉力试验。

若发现问题，应及时找出原因，相应改变焊接参数，采取改正措施。

5.2 栓钉焊设备和材料

5.2.1 栓钉焊设备

栓钉焊机有两类：电弧栓钉焊机和储能栓钉焊机。储能栓钉焊机适用于直径较小的栓钉焊接。建筑工程中栓钉直径较大，因此，栓钉焊时均采用电弧栓钉焊机。

栓钉焊设备由焊接电源、控制系统及栓钉焊焊枪三部分组成。

1. 焊接电源

与焊条电弧焊一样，栓钉焊采用具有良好直流陡降外特性、电弧动特性的焊接电源。虽然额定负载持续率仅为10%，但是栓钉直径比焊条直径大很多，所以栓钉焊机电源输出电流高达1000A，甚至2000A。

2. 控制系统

栓钉焊的控制系统应满足对焊接电流、焊接电压和栓钉位移的控制。控制系统与焊接电源装在一起，但开关按钮装在焊枪上。

某公司生产的RSN系列电弧栓钉焊机外形见图5-4，主要技术参数见表5-2。

图5-4 RSN系列电弧栓钉焊机外形

该焊机主要用于钢结构、桥梁、预埋件、楼承板、栓钉焊金属结构、重型机械、造船的焊接工作。适用于板厚大于3mm以及直径为6～28mm的栓钉焊接。

该焊机能平稳地调节电流。具备专业钢结构、镀锌楼承板穿透焊功能。高强度钢板静电喷涂的机壳，使焊机耐蚀性强。

表5-2 RSN系列电弧栓钉焊机主要技术参数

参数	型号		
	RSN-2000	RSN-2500	RSN-3150
焊接范围/mm	$\phi6～\phi22$	$\phi6～\phi28$	$\phi6～\phi36$
焊接电流/A	400～2000	500～2500	600～3150
焊接时间/s	0.1～3.0	0.1～3.0	0.1～3.0
焊接速度/（个/min）	10（$\phi22$mm）	10（$\phi28$mm）	8（$\phi36$mm）
输入电源/V	AC 380（1±15%）	AC 380（1±15%）	AC 380（1±15%）
输入功率/kW	80	100	120
电流/A	160	225	250
保护等级	IP23	IP23	IP23
冷却方式	F	F	F
外形尺寸/mm（长×宽×高）	980×650×650	980×650×650	980×650×650
质量/kg	380	410	450

某公司生产的 RSR 系列储能栓钉焊机外形见图 5-5，主要技术参数见表 5-3。

该焊机主要用于机箱、机柜、壳体、厨具、电器、金属制品、通风管道的焊接工作。

适用于板厚大于 0.3mm 的薄板以及直径为 3 ~ 10mm 的螺钉、螺柱、销钉、保温钉等焊接。

该焊机的特点为体积小、重量轻、便于携带，焊接速度快、效率高、省时省力，不用瓷环或气体保护，它克服了传统工艺在薄板上焊钉易烧焦、穿透、变形及不易清理等难题。

图 5-5　RSR 系列储能栓钉焊机外形

表 5-3　RSR 系列储能栓钉焊机主要技术参数

参数	型号		
	RSR-2000J	RSR-1500J	RSR-1000J
焊接范围 /mm	$\phi3 \sim \phi10$	$\phi3 \sim \phi8$	$\phi3 \sim \phi6$
储存能量 /J	2000	1500	1000
充电电压 /V	50 ~ 200	50 ~ 200	50 ~ 200
焊接速度 /（个 /min）	10 ~ 15	10 ~ 15	10 ~ 15
输入电源	220V，50Hz	220V，50Hz	220V，50Hz
质量 /kg	19	17	15
外形尺寸 /mm（长 × 宽 × 高）	418 × 226 × 200	418 × 226 × 200	418 × 226 × 200

3. 栓钉焊焊枪

栓钉焊焊枪机械部分由夹持机构、电磁提升机构和弹簧加压机构三部分组成。图 5-6 中的栓钉位移 s 就是提升高度。提升高度实际上是初始电弧空间长度，即弧长，一般在 3mm 以下进行调整。

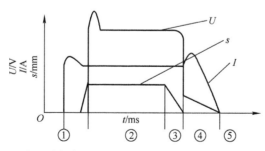

图 5-6　电弧栓钉焊过程电流 I、电压 U、栓钉位移 s 时序图
①—短路　②—提升引弧焊接　③—落钉　④—压钉　⑤—焊接结束

电弧栓钉焊枪是栓钉焊设备的执行机构，有手持式和固定式两种。建筑钢结构栓钉焊一般使用手持式焊枪，见图 5-7。

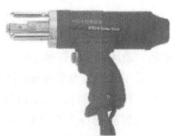

a) YF-DH-25手持式栓钉焊枪　　b) M3~M12手持式电容储能焊枪　　c) M5~M12手持式拉弧式焊枪

图 5-7　手持式焊枪

5.2.2　栓钉焊材料

1. 栓钉规格

根据现行国家标准《电弧螺柱焊用圆柱头焊钉》（GB/T 10433—2002）中的规定，栓钉的规格有 ϕ10mm、ϕ13mm、ϕ16mm、ϕ19mm、ϕ22mm、ϕ25mm。圆柱头栓钉外形见图 5-8，栓钉的尺寸和质量见表 5-4。

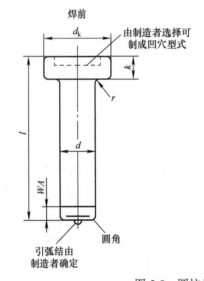
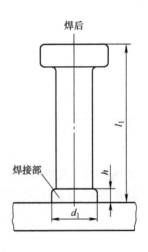

图 5-8　圆柱头栓钉外形

图 5-8 中，$l = l_1 + WA$ js17，式中 js17 表示 l 的标准公差等级为 IT17，见表 5-5。

表 5-4　栓钉的尺寸和质量　　　　　　　　（单位：mm）

	公称	10	13	16	19	22	25
d[①]	min	9.64	12.57	15.57	18.48	21.48	24.48
	max	10	13	16	19	22	25
d_k	max	18.35	22.42	29.42	32.5	35.5	40.5
	min	17.65	21.58	28.58	31.5	34.5	39.5

（续）

		13	17	21	23	29	31
$d_1$②		13	17	21	23	29	31
h②		2.5	3	4.5	6	6	7
k	max	7.45	8.45	8.45	10.45	10.45	12.55
	min	6.55	7.55	7.55	9.55	9.55	11.45
r	min	2	2	2	2	3	3
WA③		4	5	5	6	6	6
$l_1$④		每 1000 件（密度 7.85g/cm³）的质量⑤/kg（≈）					
40		37	62				
50		43	73	116			
60		49	83	131	188		
80		61	104	163	232	302	404
100		74	125	195	277	362	481
120		86	146	226	321	422	558
150		105	177	274	388	511	673
180		123	208	321	455	601	789
200			229	352	499	660	866
220				384	544	720	943
250				431	611	810	1059
300					722	959	1251

① 测量位置：距栓钉末端 2d 处。
② 指导值。在特殊场合，如穿透平焊，该尺寸可能不同。
③ WA 为熔化长度。
④ l_1 是焊后长度设计值。对特殊场合，如穿透平焊则较短。
⑤ 焊前栓钉的理论质量。

表 5-5　标准公差等级 IT17 的公差值　　　　　（单位：mm）

l	30～50	50～80	80～120	120～180	180～250
公差值	2.5	3	3.5	4	4.6

2. 栓钉的材料及机械性能

栓钉的材料及机械性能应符合现行国家标准《电弧螺柱焊用圆柱头焊钉》（GB/T 10433—2002）中的规定，见表 5-6。

表 5-6 圆柱头栓钉材料及机械性能

材料	标准	机械性能
ML15、ML15Al	GB/T 6478—2015	$R_m \geq 400MPa$ R_{eL} 或 $R_{p0.2} \geq 320MPa$ $A \geq 14\%$

现行国家标准《冷镦和冷挤压用钢》（GB/T 6478—2015）中规定，ML15Al 和 ML15 钢的化学成分应符合表 5-7 的规定。ML 是"铆螺"汉语拼音的第一个字母，表示冷镦和冷挤压用钢。

表 5-7 ML15Al 和 ML15 钢化学成分

牌号	化学成分（质量分数，%）					
	C	Si	Mn	P	S	Al$_s$
ML15Al	0.13 ~ 0.18	≤ 0.10	0.30 ~ 0.60	≤ 0.035	≤ 0.035	≥ 0.020
ML15	0.13 ~ 0.18	0.10 ~ 0.30	0.30 ~ 0.60	≤ 0.035	≤ 0.035	—

注：当测定酸溶铝 Al$_s$ 时，Al$_s$ ≥ 0.015%。

3. 栓钉的焊接性

根据要求，在栓钉焊之前需要对栓钉进行焊接性试验。

（1）拉伸试验

按现行国家标准《金属材料 拉伸试验 第 1 部分：室温试验方法》（GB/T 228.1—2021）及《电弧螺柱焊用圆柱头焊钉》（GB/T 10433—2002）的规定对试件进行拉伸试验，见图 5-9。当拉伸载荷达到表 5-8 的规定时，不得断裂；继续增大载荷直至拉断，断裂不应发生在焊缝和热影响区内。

表 5-8 拉伸载荷（摘自 GB/T 10433—2002）

d/mm	10	13	16	19	22	25
拉伸载荷 /N	32970	55860	84420	119280	159600	206220

（2）弯曲试验

根据国家标准《电弧螺柱焊用圆柱头焊钉》（GB/T 10433—2002）的规定，可对 $d \leq 22mm$ 的栓钉进行焊接端的弯曲试验。试验可用锤子打击栓钉试件头部，或使用套管压栓钉试件头部，使其弯曲 30°。试验后，在试件焊缝和热影响区不应产生肉眼可见的裂纹。使用套管进行试验时，套管下端距焊缝上端的距离不得小于 d。

4. 瓷环

栓钉焊的焊接加热过程是稳定的电弧燃烧过程，为了防止空气侵入熔池，降低接头质量，可采用瓷环进行保护，瓷环也称保护套圈。

圆柱头栓钉焊接端焊缝成形的瓷环形式与基本尺寸见图 5-10、图 5-11 及表 5-9。其中，B1 型适用于普通平焊，也适用于直径为 13mm 和 16mm 栓钉的穿透平焊，B2 型仅适用于直径为 19mm 栓钉的穿透平焊。

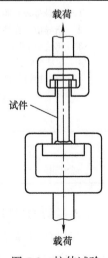

图 5-9 拉伸试验

表 5-9　圆柱头栓钉用瓷环尺寸　　　　　　　　　（单位：mm）

栓钉公称直径 d	D		D_1	D_2	H
	min	max			
10	10.3	10.8	14	18	11
13	13.4	13.9	18	23	12
16	16.5	17	23.5	27	17
19	19.5	20	27	31.5	18
22	23	23.5	30	36.5	18.5
25	26	26.5	38	41.5	22

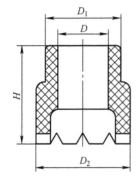 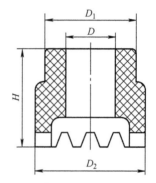

图 5-10　普通平焊用瓷环—B1 型　　　　　图 5-11　穿透平焊用瓷环—B2 型

瓷环除起保护作用外，还可使热量集中，有助于空间位置焊接时的焊缝成形及控制焊脚形状。瓷环有多种规格，以适应不同直径栓钉焊接的要求。

教学单元 6

二氧化碳气体保护焊

6.1 二氧化碳气体保护焊概述

6.1.1 二氧化碳气体保护焊工作原理

1. 二氧化碳气体保护焊的原理

二氧化碳气体保护焊的工作原理

二氧化碳气体保护焊是利用二氧化碳作为保护气体的一种熔化极气体保护焊，简称二氧化碳焊，其工作原理见图 6-1。电源的两输出端分别接在焊枪和焊件上。盘状焊丝由送丝机构带动，经软管和导电嘴不断地向电弧区送给。同时，二氧化碳气体以一定的压力和流量送入焊枪，通过喷嘴后，形成一股保护气流，使熔池和电弧不受空气的侵入。随着焊枪的移动，熔池金属冷却凝固形成焊缝，将被焊的焊件连成一体。

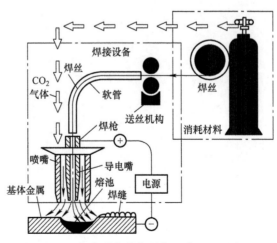

图 6-1　二氧化碳气体保护焊工作原理示意图

2. 二氧化碳气体保护焊的分类

二氧化碳气体保护焊按所用的焊丝直径不同，可分为细丝二氧化碳气体保护焊（焊丝直径

≤ 1.2mm）及粗丝二氧化碳气体保护焊（焊丝直径 ≥ 1.6mm）。由于细丝二氧化碳气体保护焊工艺比较成熟，因此应用最广。

二氧化碳气体保护焊按操作方式又可分为二氧化碳半自动焊和二氧化碳自动焊，其主要区别在于：二氧化碳半自动焊用手工操作焊枪完成电弧热源移动，而送丝、送气等过程与二氧化碳自动焊一样，由相应的机械装置来完成。二氧化碳半自动焊的机动性较大，适用于不规则或较短的焊缝；二氧化碳自动焊主要用于焊接较长的直焊缝和环缝等。

3. 二氧化碳气体保护焊的特点

（1）二氧化碳气体保护焊的优点

1）焊接成本低。二氧化碳气体来源广、价格低，而且焊接时消耗的电能少，所以二氧化碳气体保护焊的成本低，仅为埋弧焊及焊条电弧焊的 30% ~ 50%。

2）生产率高。由于二氧化碳气体保护焊的焊接电流密度大，使焊缝厚度增大，焊丝的熔化率提高，熔敷速度加快；另外，焊丝是连续送进的，且焊后没有焊渣，特别是多层焊接时，节省了清渣时间，所以生产率比手工电弧焊高 1 ~ 4 倍。

3）焊接质量高。二氧化碳气体保护焊对铁锈的敏感性不强，因此焊缝中不易产生气孔，而且焊缝含氢量低，抗裂性能好。

4）焊接变形和焊接应力小。由于电弧热量集中，焊件加热面积小，同时二氧化碳气流具有较强的冷却作用，因此，焊接应力和焊接变形小，特别适合于薄板焊接。

5）操作性能好。因为二氧化碳气体保护焊是明弧焊，可以看清电弧和熔池情况，便于掌握与调整，也有利于实现焊接过程的机械化和自动化。

6）适用范围广。二氧化碳气体保护焊可进行各种位置的焊接，不仅适用于薄板焊接，还常用于中、厚板的焊接，以及磨损零件的修补堆焊。

（2）二氧化碳气体保护焊的不足之处

1）使用大电流焊接时，焊缝表面成形较差，飞溅较多。

2）不能焊接容易氧化的非铁金属材料。

3）很难用交流电源焊接及在有风的地方施焊。

4）弧光较强，特别是使用大电流焊接时，所产生的弧光强度和紫外线强度分别是焊条电弧焊的 2 ~ 3 倍和 20 ~ 40 倍，电弧辐射较强；而且操作环境中二氧化碳的含量较大，对工人的健康不利，因此应特别重视对操作者的劳动保护。

由于二氧化碳气体保护焊的优点显著，而其不足之处，将随着二氧化碳气体保护焊的设备、焊接材料和工艺的不断改进，逐步得到克服和完善。因此，二氧化碳气体保护焊是一种值得被推广应用的高效焊接方法。

6.1.2　二氧化碳气体保护焊冶金特性

在常温下，二氧化碳气体的化学性能呈中性，但在电弧高温的作用下，二氧化碳气体被分解，因而呈现出很强的氧化性，能使合金元素氧化烧损，降低焊缝金属的力学性能，还可能成为产生气孔和飞溅的根源。因此，二氧化碳气体保护焊的焊接冶金具有特殊性。

二氧化碳气体保护焊的冶金特性

1. 合金元素的氧化与脱氧

（1）合金元素的氧化

二氧化碳在电弧高温作用下，易分解为一氧化碳和氧气，使电弧区气体具有很强的氧化性。其中 CO 在焊接条件下不溶于液态金属，也不与金属发生反应，而原子状态的氧使铁和合金元素迅速氧化，结果使铁、锰、硅等大量对焊缝有用的合金元素氧化烧损，降低了焊缝的力学性能。同时溶入液态金属的 FeO 与 C 元素作用产生的 CO 气体，一方面气体易使熔滴和熔池金属发生爆破，产生大量的飞溅；另一方面气体在结晶时来不及逸出，导致焊缝产生气孔。

（2）脱氧

二氧化碳气体保护焊通常的脱氧方法是采用含有足够脱氧元素的焊丝。常用的脱氧元素是锰、硅、铝、钛等。对于低碳钢及低合金钢的焊接，主要采用锰、硅联合脱氧的方法，因为锰和硅脱氧后生成的 MnO 和 SiO_2 能形成复合物浮出熔池，形成一层微薄的焊渣壳并覆盖在焊缝表面。

2. 二氧化碳气体保护焊的气孔问题

焊缝金属中产生气孔的根本原因是熔池金属中的气体在冷却结晶过程中来不及逸出。二氧化碳气体保护焊时，熔池表面没有熔渣覆盖，二氧化碳气流又有冷却作用，因此结晶较快，容易在焊缝中产生气孔。二氧化碳气体保护焊可能产生的气孔有以下三种：

（1）CO 气孔

当焊丝中脱氧元素不足时，大量的 FeO 不能发生还原反应而溶于液态金属中，在熔池结晶时发生如下反应：

$$FeO + C \rightarrow Fe + CO\uparrow$$

这样，所生成的 CO 气体若来不及逸出，就会在焊缝中形成气孔。因此，应保证焊丝中含有足够的脱氧元素 Mn 和 Si，并严格限制焊丝中的含碳量，以降低产生 CO 气孔的可能性。二氧化碳气体保护焊时，只要焊丝选择适当，产生 CO 气孔的可能性不大。

（2）氢气孔

氢的来源主要是焊丝、焊件表面的铁锈、水分和油污及二氧化碳气体中含有的水分。如果熔池金属溶入大量的氢，就可能形成氢气孔，见图 6-2。

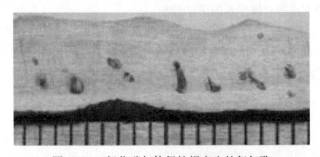

图 6-2　二氧化碳气体保护焊产生的氢气孔

因此，为防止产生氢气孔，应尽量减少氢的来源，焊前要适当清除焊丝和焊件表面的杂质，并需对二氧化碳气体进行提纯与干燥处理。此外，由于二氧化碳气体保护焊的保护气体在焊接过程中氧化性很强，可减弱氢的不利影响，所以二氧化碳气体保护焊形成氢气孔的可能性较小。

（3）氮气孔

当二氧化碳气流的保护效果不好时，如二氧化碳流量太小、焊接速度过快、喷嘴被飞溅堵塞等，或当二氧化碳气体纯度不高，含有一定量的空气时，空气中的氮气就会大量溶入熔池金属内。当熔池金属结晶凝固时，若氮气来不及从熔池中逸出，便形成氮气孔，见图 6-3。

二氧化碳气体保护焊的焊缝最易产生的是氮气孔，而氮主要来自于空气，所以必须加强二氧化碳气流的保护效果，这是防止二氧化碳气体保护焊的焊缝中产生氮气孔的重要途径。

图 6-3　二氧化碳气体保护焊产生的氮气孔

6.1.3　二氧化碳气体保护焊熔滴过渡

二氧化碳气体保护焊熔滴过渡主要有两种形式：短路过渡和滴状过渡。喷射过渡在二氧化碳气体保护焊时很难出现。

二氧化碳保护焊的熔滴过渡

1. 短路过渡

二氧化碳气体保护焊在采用细焊丝、小焊接电流和低电弧电压焊接时，可获得短路过渡。

短路过渡时，电弧长度较短，焊丝端部熔化的熔滴在尚未成为大熔滴时便与熔池表面接触而短路。此时电弧熄灭，熔滴在电磁收缩力和熔池表面张力共同作用下，迅速脱离焊丝端部过渡到熔池。随后电弧又重新引燃，重复上述过程。

二氧化碳气体保护焊的短路过渡，由于过渡频率高，电弧非常稳定，飞溅小，焊缝成形良好，同时焊接电流较小，焊接热输入低，故适用于薄板及全位置焊缝的焊接。

2. 滴状过渡

二氧化碳气体保护焊在采用粗焊丝、较大焊接电流和较高电弧电压时，会出现滴状过渡。滴状过渡有以下两种形式：

1）大颗粒过渡。这时的焊接电流和电弧电压比短路过渡的稍高，焊接电流一般在 400A 以下，此时，熔滴较大且不规则，过渡频率较低，易形成偏离焊丝轴线方向的非轴向过渡，见图 6-4。这种大颗粒非轴向过渡，使电弧不稳定，飞溅很大，焊缝成形差，在实际生产中不宜采用。

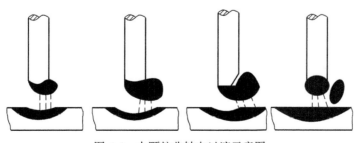

图 6-4　大颗粒非轴向过渡示意图

2）细滴过渡。这时的焊接电流、电弧电压进一步增大，焊接电流在400A以上。此时，由于电磁收缩力的加大，熔滴细化，过渡频率也随之增加。虽然仍为非轴向过渡，但飞溅相对较少，电弧较稳定，焊缝成形较好，故在生产中应用较广泛。因此，在粗丝二氧化碳气体保护焊滴状过渡时，由于焊接电流较大，电弧穿透力强，母材的焊缝厚度较大，多用于中、厚板的焊接。

6.1.4 二氧化碳气体保护焊的飞溅

二氧化碳保护
焊的飞溅

飞溅是二氧化碳气体保护焊的主要缺点。滴状过渡的飞溅程度要比短路过渡时严重得多。一般金属飞溅损失约占焊丝熔化金属的10%，严重时可达30%～40%，在最佳情况下，飞溅损失可控制在2%～4%。

1. 二氧化碳气体保护焊的飞溅对焊接造成的有害影响

1）二氧化碳气体保护焊时，如飞溅增多，会降低焊丝的熔敷系数，从而增加焊丝及电能的消耗，降低焊接生产率，增加焊接成本。

2）若飞溅金属黏到导电嘴端面和喷嘴内壁上，则会使送丝不畅，从而影响电弧稳定性，或者降低保护气体的保护作用，容易使焊缝产生气孔，影响焊缝质量。若飞溅金属黏到导电嘴、喷嘴、焊缝及焊件表面上，则需在焊后进行清理，这就增加了焊接的辅助工时。

3）焊接过程中飞溅出的金属，还容易烧坏焊工的工作服，甚至烫伤皮肤，恶化劳动条件。

2. 二氧化碳气体保护焊产生飞溅的原因及防止飞溅的措施

由于二氧化碳气体保护焊的飞溅会对焊接造成有害影响，所以需要根据飞溅产生的原因来采取措施，防止飞溅。

1）由冶金反应引起的飞溅。这种飞溅主要由CO气体造成。焊接过程中，熔滴和熔池中的C氧化成CO，CO在电弧高温作用下，体积急速膨胀，压力迅速增大，使熔滴和熔池金属产生爆破，从而产生大量飞溅。减少这种飞溅的方法是采用含有锰和硅作为脱氧元素的焊丝，并降低焊丝中的含碳量。

2）由极点压力产生的飞溅。这种飞溅的产生主要取决于焊接时的极性。当使用直流正接焊接（焊件接正极、焊丝接负极）时，正离子飞向焊丝端部的熔滴，机械冲击力大，容易形成大颗粒飞溅。而直流反接焊接时，飞向焊丝端部的电子撞击力小，致使极点压力大为减小，因而飞溅较小，所以二氧化碳气体保护焊应选用直流反接。

3）熔滴短路时引起的飞溅。这种飞溅发生在短路过渡过程中，当焊接电源的动特性不好时，则显得更严重。当熔滴与熔池接触时，若短路电流增长速度过快，或者短路最大电流值过大时，会使缩颈处的液态金属发生爆破，产生较多的细颗粒飞溅；若短路电流增长速度过慢，则短路电流不能及时增大到要求的电流值，此时，缩颈处就不能迅速断裂，使伸出导电嘴的焊丝在电阻热的长时间加热下，成段软化和脱落，并伴随着较多的大颗粒飞溅。减少这种飞溅的方法，主要是通过调节焊接回路中的电感来调节短路电流增长速度。

4）大颗粒非轴向过渡造成的飞溅。这种飞溅是在颗粒过渡时由于电弧的斥力作用而产生的。在极点压力和弧柱中气流的压力共同作用下，熔滴被推到焊丝端部的一边，并被抛到熔池外面，从而产生大颗粒飞溅。如果采用80%的氩气与20%的二氧化碳混合气体作为保护气体，可以减少大颗粒非轴向过渡造成的飞溅。

5）焊接参数选择不当引起的飞溅。这种飞溅是因焊接电流、电弧电压和回路电感等焊接参数选择不当而引起的。如随着电弧电压的增加，电弧拉长，熔滴体积迅速变大，且在焊丝末端产生无规则摆动，致使飞溅增多。焊接电流增大，熔滴体积变小，熔敷率增加，飞溅减少，因此必须正确地选择二氧化碳气体保护焊的焊接参数，才会降低产生这种飞溅的可能性。

除以上的方法外，还可以从焊接技术上采取措施，如采用二氧化碳潜弧焊。该方法是采用较大的焊接电流、较小的电弧电压，把电弧压入熔池形成潜弧，使产生的飞溅落入熔池，从而使飞溅大大减少。这种方法熔深大、效率高，现已广泛应用于厚板焊接，见图 6-5。

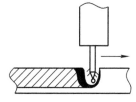

图 6-5　二氧化碳潜弧焊

6.1.5　二氧化碳气体保护焊焊接参数

二氧化碳气体保护焊的主要焊接参数有焊丝直径、焊接电流、电弧电压、焊接速度、焊丝伸出长度、二氧化碳气体流量、电源极性与回路电感、装配间隙及坡口尺寸、喷嘴至焊件的距离以及焊枪倾角。

1. 焊丝直径

焊丝直径应根据焊件厚度、焊接空间位置及生产率的要求来选择。当薄板或中厚板的立、横、仰焊时，多采用 $\phi1.6mm$ 以下的焊丝；在平焊位置焊接中厚板时，可以采用 $\phi1.2mm$ 以上的焊丝。焊丝直径的选择见表 6-1。

表 6-1　焊丝直径的选择

焊丝直径 /mm	熔滴过渡形式	焊缝位置	焊件厚度 /mm
0.5 ~ 0.8	短路过渡	全位置	1.0 ~ 2.5
	滴状过渡	平焊	2.5 ~ 4.0
1.0 ~ 1.4	短路过渡	全位置	2.0 ~ 8.0
	滴状过渡	平焊	2.0 ~ 12.0
1.6	短路过渡	全位置	3.0 ~ 12.0
≥ 1.6	滴状过渡	平焊	> 6.0

2. 焊接电流

焊接电流与送丝速度或熔化速度以非线性关系变化，当送丝速度增加时，焊接电流也随之增大，碳钢焊丝焊接电流与送丝速度之间的关系曲线见图 6-6。每一种直径的焊丝在低电流时关系曲线接近于直线状（正比例关系）；但在高电流时，关系曲线变成非直线状。随着焊接电流的增大，送丝速度以更快的速度增加。

焊接电流的大小应根据焊件厚度、焊丝直径、焊接位置及熔滴过渡的形式来确定。焊接电流越大，焊缝厚度、焊缝宽度及余高应相应增加。对于

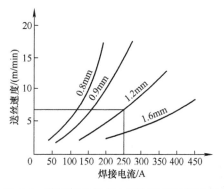

图 6-6　碳钢焊丝焊接电流与送丝速度之间的关系曲线

$\phi 0.8 \sim \phi 1.6mm$ 的焊丝，在短路过渡时，焊接电流通常在 50 ~ 230A 之间选择；细滴过渡时，焊接电流通常在 250 ~ 500A 之间选择。焊丝直径与焊接电流的关系见表 6-2。

表 6-2　焊丝直径与焊接电流的关系

焊丝直径 /mm	焊接电流 /A	
	滴状过渡	短路过渡
0.8	150 ~ 250	60 ~ 160
1.2	200 ~ 300	100 ~ 175
1.6	350 ~ 500	100 ~ 180
2.4	500 ~ 750	150 ~ 200

3. 电弧电压

当弧长过长时，电弧难以潜入焊件表面；弧长过短则容易引起短路。当电弧电压过高时，容易产生气孔、飞溅和咬边；当电弧电压过低时，会使焊丝插入熔池，电弧不稳，影响焊缝成形。

电弧电压必须与焊接电流配合恰当，否则会影响焊缝成形及焊接过程的稳定性。电弧电压随着焊接电流的增加而增大。短路过渡焊接时，电弧电压通常在 16 ~ 24V 范围内选择。滴状过渡焊接时，对于直径为 1.2 ~ 3.0mm 的焊丝，电弧电压可在 25 ~ 36V 范围内选择。

4. 焊接速度

在一定的焊丝直径、焊接电流和电弧电压条件下，随着焊接速度的增加，焊缝宽度与焊缝厚度减小。焊接速度过快，不仅气体保护效果变差，还可能出现气孔，而且易产生咬边及未熔合等缺陷；焊接速度过慢，焊接生产率降低，焊接变形增大；中等焊接速度时熔深最大。通常，二氧化碳半自动焊速为 15 ~ 30m/h；二氧化碳自动焊时，速度稍快些，但一般不超过 40m/h。

5. 焊丝伸出长度

焊丝伸出长度是指导电嘴端头到焊丝端头的距离，见图 6-7。焊丝伸出长度取决于焊丝直径，短路过渡时合适的焊丝伸出长度是 6 ~ 13mm，其他熔滴过渡形式为 13 ~ 25mm。伸出长度过大时，焊丝会成段熔断，飞溅严重，气体保护效果差；伸出长度过小时，不但易产生飞溅物堵塞喷嘴，影响气体保护效果，也会影响焊工视线。

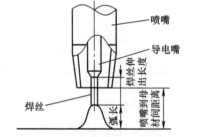

图 6-7　焊丝伸出长度说明图

6. 二氧化碳气体流量

二氧化碳气体流量应根据焊接电流、焊接速度、焊丝伸出长度及喷嘴直径等选择。如气体流量过小，则电弧不稳，易产生密集气孔，焊缝表面易被氧化成深褐色；如气体流量过大，则会出现气体紊流，也会产生气孔，焊缝表面呈浅褐色。

通常在细丝二氧化碳气体保护焊时，二氧化碳气体流量为 8 ~ 15L/min；粗丝二氧化碳气体保护焊时，二氧化碳气体流量为 15 ~ 25L/min。

7. 电源极性与回路电感

为了减少飞溅，保证焊接电弧的稳定性，二氧化碳气体保护焊应选用直流反接，即焊丝接正极。这时，电弧稳定，熔滴过渡平稳，飞溅较少，焊缝成形较好，熔深较大。焊接回路的电感值应根据焊丝直径和电弧电压来选择，不同直径的焊丝适合的电感值见表 6-3。

表 6-3　不同直径的焊丝适合的电感值

焊丝直径 /mm	0.8	1.2	1.6
电感值 /mH	0.01 ~ 0.08	0.10 ~ 0.16	0.30 ~ 0.70

8. 装配间隙及坡口尺寸

由于二氧化碳气体保护焊焊丝直径较小，电流密度大，电弧穿透力强，电弧热量集中，一般对于 12mm 以下厚度的焊件不开坡口也可焊透。对于必须开坡口的焊件，一般坡口角度可由焊条电弧焊的 60° 左右减为 30° ~ 40°，钝边可相应增大 2 ~ 3mm，根部间隙可相应减少 1 ~ 2mm。

9. 喷嘴至焊件的距离

喷嘴至焊件的距离应根据焊接电流来选择，见图 6-8。

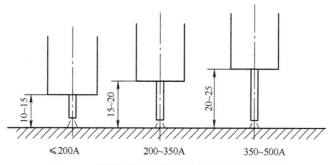

图 6-8　喷嘴至焊件的距离与焊接电流的关系

10. 焊枪倾角

焊枪倾角也是不容忽视的因素，焊枪倾角过大（如前倾角大于 25°）时，将加大熔宽并减小熔深，还会增加飞溅。当焊枪与焊件成后倾角（电弧指向已焊焊缝）时，使焊缝变窄、熔深较大，余高较高。

焊工通常习惯右手持枪，采用左焊法，一般前倾角（焊件的垂线与焊枪轴线的夹角）为 10° ~ 15°，这样不仅能够清楚地观察和控制熔池，而且可以得到成形较好的焊缝。平焊时焊枪倾角见表 6-4。

表 6-4　平焊时焊枪倾角

项目	左焊法	右焊法
焊枪倾角	10°~15° 焊接方向	10°~15° 焊接方向
焊道断面形状		

6.2　二氧化碳气体保护焊操作工艺

二氧化碳气体保护焊的操作工艺有设备安装、电气线路连接、气体管路连接、焊接作业准备、焊接操作五个步骤。

1. 设备安装

1）焊接设备应放在避开阳光直射、避雨、湿度小、灰尘少的房间。焊接电源距离墙壁20cm以上。如果露天施工，遇到大风时，焊接前应采取挡风措施。

2）为了保护设备和人身安全，在电源输入电路中应设置熔断短路电流，NBC-200K焊机为15A，NBC-350K焊机为30A，NBC-500K焊机为50A。当工作场地比较潮湿或在铁板、铁架上操作时，应安装剩余电流保护器。

3）电源电压的波动范围为额定输入电压 ±10%。

2. 电气线路连接

1）关闭配电箱中的开关。

2）电源电缆连接。选用大于或等于规定规格的电缆，从配电箱连接至焊机的焊接电源，即一次线。当采用NBC-200K时，电缆横截面面积为5mm² 以上；采用NBC-350K时，为8mm² 以上；采用NBC-500K时，为12mm² 以上。将连接接头裸露导电部分用绝缘胶带包裹、缠好。

3）焊接电缆连接。关闭焊接电源上的开关，将端子盖板翻起，用一根焊接电缆从焊接电源输出端的负极连接至母材。焊接电缆横截面面积的选用推荐：NBC-200K时为30mm² 以上；NBC-350K时为38mm² 以上；NBC-500K时为60mm² 以上。将另一根同样规格的焊接电缆与焊接电源输出端的正极连接，另一端连接至送丝机的输出端，将焊枪的电缆接头与该输出端紧密连接。焊接电缆连接示意见图6-9。将配电箱、焊接电源、焊件分别接地。焊件接地电缆应为14mm² 以上规格。

4）控制电缆连接。若六芯控制电缆的一端已与送丝机连接，则将另一端与焊接电源连接，见图6-10。

3. 气体管路连接

1）把气体调节器安装到气瓶。

2）把气管连接到调节器的气管接头。

3）将加热器电缆连接到专用插座。

4）用截面积大于1.25mm² 的电缆接地，见图6-11。

5）在送丝机内，当气体管路已从入口处接至出口处后，将焊枪的进气管与送丝机的出口配件相连接（图6-10）。

4. 焊接作业准备

1）穿戴防护用具，包括衣服、手套、鞋、面具等。

2）开关操作与气体流量调节示意见图6-12：①打开配电箱的开关；②将电源开关置于"开"位置；③将供气开关置于"检查"位置；④打开气瓶盖；⑤将流量调节旋钮慢慢向"开"的方向旋转，直到流量表上的指示数为需要值；⑥将供气开关置于"焊接"位置。

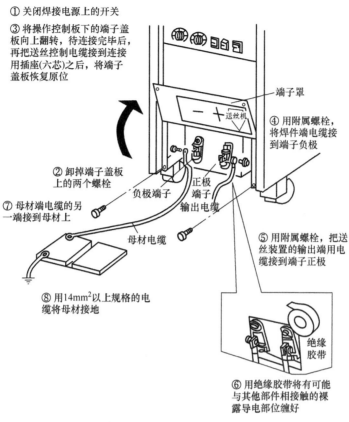

① 关闭焊接电源上的开关

③ 将操作控制板下的端子盖板向上翻转，待连接完毕后，再把送丝控制电缆接到连接用插座(六芯)之后，将端子盖板恢复原位

端子罩

送丝机

④ 用附属螺栓，将焊件端电缆接到端子负极

② 卸掉端子盖板上的两个螺栓

负极端子

正极端子输出电缆

⑦ 母材端电缆的另一端接到母材上

母材电缆

⑤ 用附属螺栓，把送丝装置的输出端用电缆接到端子正极

⑧ 用14mm²以上规格的电缆将母材接地

绝缘胶带

⑥ 用绝缘胶带将有可能与其他部件相接触的裸露导电部位缠好

图 6-9 焊接电缆连接示意图

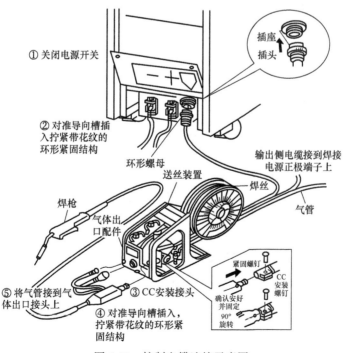

① 关闭电源开关

插座
插头

② 对准导向槽插入拧紧带花纹的环形紧固结构

环形螺母
送丝装置
焊丝

输出侧电缆到焊接电源正极端子上

焊枪
气体出口配件

气管

紧固螺钉
CC安装螺钉
确认安好并固定90°旋转

⑤ 将气管接到气体出口接头上

③ CC安装接头

④ 对准导向槽插入，拧紧带花纹的环形紧固结构

图 6-10 控制电缆连接示意图

125

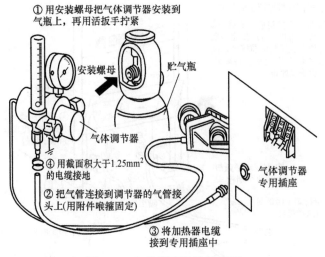

图 6-11　气体管路连接示意图

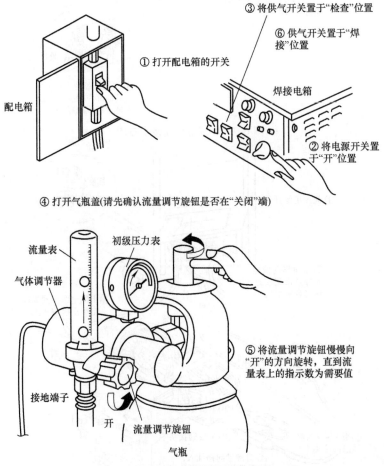

图 6-12　开关操作与气体流量调节示意图

3）焊丝安装示意见图 6-13。将焊丝装入送丝盘轴上，焊丝 ϕ1.2mm，一般每盘 20kg，镀铜。拉出焊丝，通过矫正轮插入导嘴上的导套帽组件中。

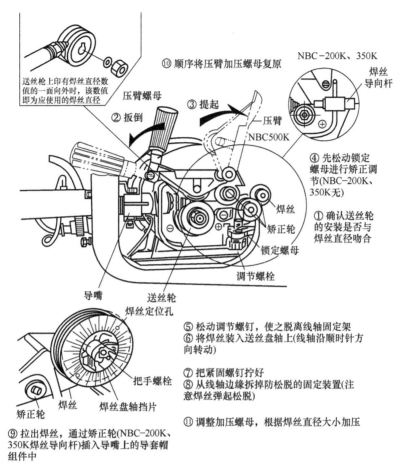

⑩ 顺序将压臂加压螺母复原

送丝枪上印有焊丝直径数值的一面向外时，该值即为应使用的焊丝直径

压臂螺母

② 扳倒

③ 提起

NBC-200K、350K

焊丝导向杆

压臂 NBC500K

④ 先松动锁定螺母进行矫正调节(NBC-200K、350K无)

① 确认送丝轮的安装是否与焊丝直径吻合

焊丝

矫正轮

锁定螺母

调节螺栓

导嘴　送丝轮

焊丝定位孔

⑤ 松动调节螺钉，使之脱离线轴固定架
⑥ 将焊丝装入送丝盘轴上(线轴沿顺时针方向转动)

⑦ 把紧固螺钉拧好
⑧ 从线轴边缘拆掉防松脱的固定装置(注意焊丝弹起松脱)

把手螺栓

焊丝

矫正轮　焊丝盘轴挡片

⑪ 调整加压螺母，根据焊丝直径大小加压

⑨ 拉出焊丝，通过矫正轮(NBC-200K、350K焊丝导向杆)插入导嘴上的导套帽组件中

图 6-13　焊丝安装示意图

4）微动控制送丝。

① 按住微动开关，开始送丝，直到焊丝露出焊枪头15~20mm，再松开，见图 6-14。

② 如果选用直径为 0.8mm 的细焊丝，焊丝容易折断，应放慢速度。

③ 当使用药芯焊丝时，应调节送丝压把的压力，使压力比实心焊丝小些。

④ 使用后，务必关掉配电箱开关及焊接电源上的电源开关。

⑤ 慢送丝时，不要凑近导电嘴查看焊丝是否送出。

5）收弧方式调节。

① 当焊接薄板时，可采用无收弧焊接，在焊接电源的控制面板上，将收弧转换开关置于"无收弧"位置，见图 6-15。

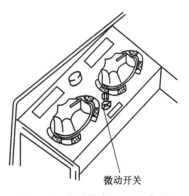

微动开关

图 6-14　微动控制送丝示意图

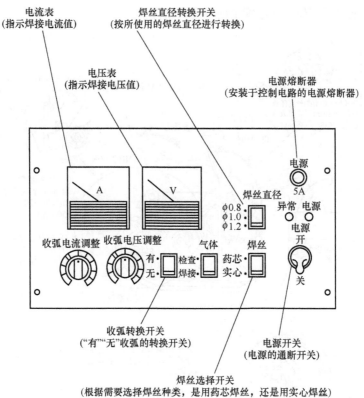

图 6-15　焊接电源控制面板

② 当焊接中厚板时，可采用有收弧焊接，其目的是填满弧坑。这时，将收弧转换开关置于"有收弧"位置，并调整收弧电流和收弧电压，收弧电流为正常焊接电流值的60%～70%，直至弧坑填满，见图 6-16。

6）调整焊接电流。根据所采用焊丝的直径，选定焊接电流。如焊机采用一元化调节设计，在调整焊接电流的同时，会自动调节与之相适应的送丝速度和电弧电压。当焊接电流较大时，送丝速度加快，电弧电压变高。

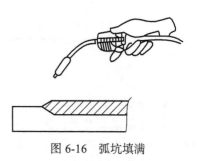

图 6-16　弧坑填满

7）执行额定负载持续率。按照焊机额定的负载持续率工作，当超过额定负载持续率时，必须适当降低焊接电流。

5. 焊接操作

1）当焊接薄板、无需收弧动作时，焊工按下焊枪上开关，焊丝伸出，与焊件接触，短路引弧，焊接开始，沿接缝方向做直线状或适当摆动前进。到达接缝终点，放松开关，电弧熄灭。

2）当焊接中厚板时，在拨定"有收弧"开关后，与上相同，按下焊枪上开关，短路引弧，焊枪前进，至接缝终点，放松开关，电弧熄灭，随后立即再按下开关，电弧恢复，自动转换为收弧状态，焊接电流减小，延续 1～2s，再放松开关，电弧完全熄灭，弧坑填满。若将焊枪开关在"ON-OFF"之间操作两次改为用一个程序控制的焊接过程，则操作示意见图 6-17a，工作时间示意见图 6-17b。第一次开启焊枪开关产生电弧到第一次关闭焊枪开关的时间，为引弧时间；第一次关闭焊枪开关到再次开启焊枪开关的时间，为正常焊接时间；第二次开启焊枪开关到再次关闭焊枪开关的时间，为收弧时间。

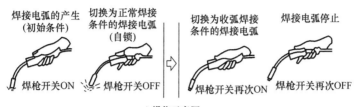

a) 操作示意图

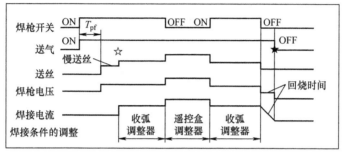

T_{pf}—气体预流时间　☆—引弧时间　★—停弧时间

b) 工作时间示意图

图 6-17　"有收弧"的焊接过程

焊接人物志

焊接工人王之连的"无缝人生"

2021 年 5 月 1 日，在中建二局合肥滨湖国际会展中心二期项目施工现场，施工人员正在进行综合馆钢结构屋面铺设。项目中的三个场馆正在按照预定工期推进。作为安徽省重点工程，在五一期间，合肥滨湖国际会展中心二期项目关键岗位全员坚守现场 500 多名工人紧张有序地施工。

中建二局合肥滨湖国际会展中心二期项目总建筑面积达 13.16 万 m^2，钢结构施工占比 70%，焊接在工程的总体工序中占比 40%。这意味着，焊接施工在会展中心的主体结构施工中接近"半壁江山"。王之连是该项目的一名焊接工人，这个五一假期已是他今年坚守的第二个法定节假日。

高温下的坚守

王之连说："焊接工作很辛苦，30℃的天气，还需要穿上三层衣服，最外面要穿一层像帆布一样厚的阻燃防护服。"焊接时，手距离近 200℃高温的焊缝仅 20cm，他常常要端着几斤重的焊枪，为了焊一根钢柱，保持一个姿势半小时以上，非常考验体力和耐力。作为安徽省对外展示的"新窗口"，滨湖国际会展中心二期项目对焊接施工的验收标准非常严格。作为曾经参与过鸟巢、大兴国际机场的他，在合肥滨湖国际会展中心二期项目焊接作业中，再次遇到"挑战"。

严寒下的"挑战"，追求 100% 合格

焊缝的质量受气温、天气的影响非常大，温度过低，容易变形开裂。若焊缝变形或开裂，便需要全部返工。2021年1月，王之连就受到了一次前所未有的"挑战"，当时的项目需要焊一根直径为1.8m、板厚为50mm的钢柱，正常的焊接钢板厚度通常为10～20mm，而50mm厚钢板的焊接难度是普通厚度钢板的10倍。

焊接施工正巧赶上合肥大降温，气温接近-11℃，为了保证焊接质量和工程进度，王之连和三名工友不敢有丝毫停歇，三个人48h不间断轮流作业，消耗近75kg焊丝。最后在超声波无损检测时，焊缝无气孔无杂质，100%合格，确保下一道工序如期进行。

项目时常组织焊接工人考试，王之连凭借对手艺的追求和对焊接工艺的精益求精，在一次项目组织的焊工上岗考试中，他一战成名。他提交的作品，无论是焊接的成品外观还是内部质量，检测合格率均为100%，其焊接技术的熟练程度让每一位评委都竖起大拇指。

因为项目对焊接过程的严格把关，合肥滨湖国际会展中心二期项目的焊接一次检测合格率达到99%，远高于行业规范标准。

6.3　二氧化碳气体保护焊设备

二氧化碳气体保护焊设备分为半自动焊设备和自动焊设备。其中二氧化碳半自动焊在生产中应用最为广泛。二氧化碳气体保护焊设备见图6-18，主要由焊接电源、送丝机构、焊枪、供气系统、控制系统等部分组成。

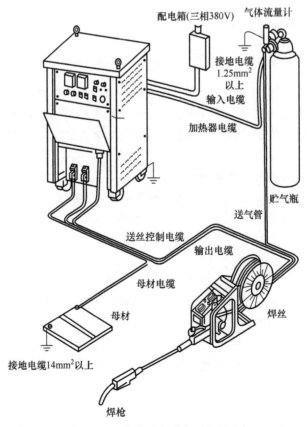

图6-18　二氧化碳气体保护焊设备

6.3.1　二氧化碳气体保护焊焊接电源

二氧化碳气体保护焊的操作控制、电流调节不同于焊条电弧焊。因为焊丝相对于焊条是很细的，也就是电流密度很大，电弧斑点已全覆盖了焊丝端头面积，所以二氧化碳气体保护焊的电弧特性曲线不是水平的，而是上升的，相当于图 1-30a 中 c—d 段。因此不能用有陡降外特性的焊接电源与这样的电弧相配，应当采用水平的或缓降型焊接电源（焊机），见图 6-19。

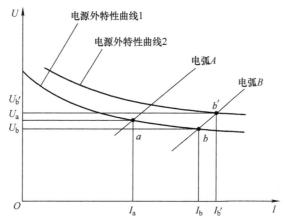

图 6-19　二氧化碳气体保护焊机外特性曲线

从图 6-19 可以看出，要想提高电流，就要降低电弧电压，从电弧 A 变到电弧 B，使工作点从 a 变到 b，$I_b > I_a$，降低电弧电压实际上就是加快送丝速度。但是由于焊接电流增大，焊丝熔化速度加快，电弧电压实际上没有被降低，即电弧电压基本上没有变化，$U_a \approx U_b$；相反，为了稳定电弧，还要适当提高电弧电压，通过调节电源外特性曲线由 1 变到 2，提高空载电压，使工作点变到 b'，即 $U_b' > U_a$。综上所述，调节焊接参数，一方面要调节焊接电流的空载电压，也就改变了电弧电压；另一方面，还要调节送丝速度，这就提高了对焊工操作技术水平的要求。目前生产的二氧化碳气体保护电弧焊机都配备有单旋钮调节控制系统，即在控制面板上或遥控盒上，通过一个旋钮的调节，使焊接回路按预先设计的比例，同时调节焊接电源的电压和送丝速度，达到稳定地加大或减小焊接参数的要求。

常用的焊接电源为晶闸管弧焊整流器，可以无级调整焊接电流，构造比较简单。其外特性为平特性，这是因为平特性电源配合等速送丝机构具有许多优点：①可以通过改变电源空载电压来调节电弧电压；②焊接参数调节方便；③当弧长变化时会引起较大的焊接电流变化，有较强的自身调节作用；④短路电流较大，引弧比较容易。

弧焊整流器应具有良好的动特性，包括短路电流上升速度、短路峰值电流、从短路到燃弧电压的恢复速度，目的是达到电弧稳定燃烧和减少飞溅。

在焊接过程中，可以根据工艺需要，对电源的输出参数、电弧电压和焊接电流及时进行调节。电弧电压的调节主要通过调节空载电压来实现，焊接电流的调节主要通过调节送丝速度来实现。

目前，我国定型生产使用较广的是 NBC 逆变式系列二氧化碳气体保护焊机，包括 NBC-270 型、NBC-500 型、NBC-630 型等，见图 6-20。

图 6-20　二氧化碳气体保护焊机示意图

6.3.2　二氧化碳气体保护焊送丝机构

二氧化碳气体保护焊的送丝机构通常由送丝机、送丝软管及焊丝盘组成，其中送丝机又包括电动机、减速器、矫直轮和送丝轮。送丝机构见图 6-21，送丝轮见图 6-22，F 为送丝轮压力。

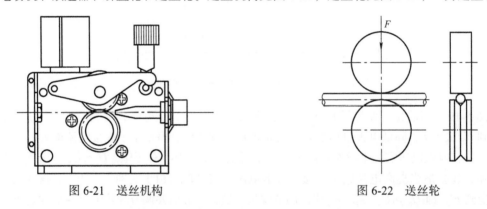

图 6-21　送丝机构　　　　　　　　　　图 6-22　送丝轮

二氧化碳半自动焊的焊丝送给为等速送丝，其送丝方式主要有拉丝式、推丝式和推拉式三种。

1. 拉丝式

焊丝盘、送丝机构与焊枪连接在一起，这样就不需要软管，避免了焊丝通过软管的阻力，送丝速度均匀稳定，但焊枪结构复杂，重量增大。拉丝式只适用于直径为 0.5 ~ 0.8mm 的细焊丝，焊枪的操作范围较大，见图 6-23a。

2. 推丝式

焊丝盘、送丝机构与焊枪分离，焊丝通过一段软管送入焊枪，因而焊枪结构简单，重量减轻，但焊丝通过软管时会受到阻力作用，故软管长度受到限制，通常推丝式所用的焊丝直径宜在 0.8mm 以上，其焊枪的操作范围为 2 ~ 4m。目前二氧化碳半自动焊多采用推丝式焊枪，见图 6-23b。

3. 推拉式

推拉式具有前两种送丝方式的优点，焊丝送给时以推丝为主，而焊枪内的送丝机构，起着将焊丝拉直的作用，可使软管中的送丝阻力减小，因此增加了送丝距离和操作的灵活性，送丝软管可增长到 15m 左右，但焊枪及送丝机构较为复杂，见图 6-23c。

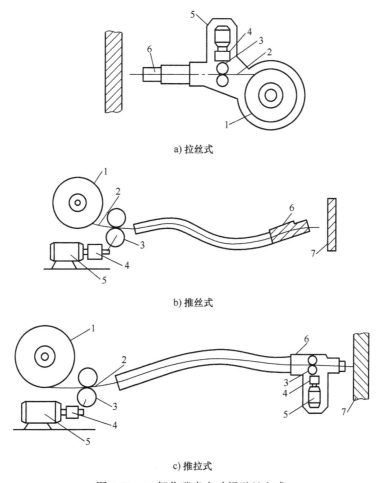

a) 拉丝式

b) 推丝式

c) 推拉式

图 6-23　二氧化碳半自动焊送丝方式

1—焊丝盘　2—焊丝　3—送丝滚轮　4—减速器　5—电动机　6—焊枪　7—焊件

　　值得注意的是，送丝机构需定期进行保养，尤其是送丝弹簧软管，当使用一段时间后，软管内会有一些油垢、灰尘、锈蚀等污物增加送丝阻力。因此，需定期将送丝弹簧软管置于汽油槽中进行清洗，以延长其使用寿命。

6.3.3　二氧化碳气体保护焊焊枪和软管

1. 焊枪

　　焊枪的作用是导电、导丝、导气。焊接时，由于焊接电流通过导电嘴产生的电阻热和电弧的辐射热，会使焊枪发热，所以焊枪常需要冷却。冷却方式有空气冷却和内循环水冷却两种。焊枪按送丝方式可分为推丝式焊枪和拉丝式焊枪；按结构可分为鹅颈式焊枪和手枪式焊枪。鹅颈式焊枪应用最为广泛，操作灵活方便，典型鹅颈式气冷焊枪示意见图 6-24。手枪式焊枪用于较粗焊丝的焊接，常采用内循环水冷方式，见图 6-25。

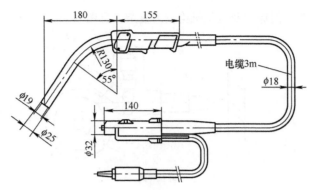

图 6-24　典型鹅颈式气冷焊枪示意图

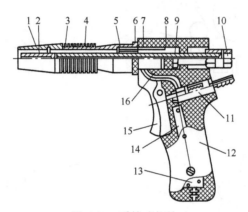

图 6-25　手枪式焊枪

1—喷嘴　2—导电嘴　3—套筒　4—导电杆　5—分流环　6—挡圈　7—气室　8—绝缘圈　9—紧固螺母
10—锁紧螺母　11—球型气阀　12—枪把　13—退丝开关　14—送丝开关　15—扳机　16—气管

导电嘴由铜或铜合金制成，内表面应光滑，其内孔应比焊丝直径大 0.13 ~ 0.25mm。对于短路过渡，导电嘴常伸到喷嘴之外；对于滴状过渡，导电嘴应缩到喷嘴之内，最多时可缩进 3mm。焊接时应定期检查导电嘴，如发现其内径因磨损而变大，或由于飞溅而堵塞时，就应及时更换。

喷嘴应使保护气体平稳地流出，并覆盖在焊接区。喷嘴内径一般为 10 ~ 20mm，应根据焊接电流大小选用。

2. 焊接软管

焊接软管和导丝管应安装在送丝滚轮附近。焊接软管用来支承、保护和引导焊丝从送丝滚轮到焊枪。导丝管可作为焊接软管的组成部分，也可以分开。导丝管的材料选择十分重要，钢焊丝应采用弹簧钢管。导丝管必须定期维护，保持清洁和完好。不得将软管盘卷和过度弯曲。

6.3.4　二氧化碳气体保护焊供气系统

二氧化碳气体保护焊时，在二氧化碳供气系统中，需要安装预热器、气体减压阀、气体流量计和气阀。如果气体纯度不够，还需串联高压干燥器和低压干燥器，见图 6-26。

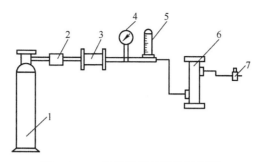

图 6-26　二氧化碳供气系统示意图

1—气源　2—预热器　3—高压干燥器　4—气体减压阀　5—气体流量计　6—低压干燥器　7—气阀

瓶装的液态二氧化碳汽化时要吸热，吸热反应可使瓶阀及减压器冻结，所以，在气体进入气体减压阀之前，需经预热器（75～100W）加热，并在输送到焊枪之前，经过干燥器吸收二氧化碳气体中的水分，使保护气体符合焊接要求。气体减压阀是将瓶内高压二氧化碳气体调节为低压（工作压力）的气体，气体流量计用于控制和测量二氧化碳气体的流量，以形成良好的保护气流。气阀起控制二氧化碳气体的接通与关闭作用。现在生产的减压流量调节器是将预热器、气体减压阀和气体流量计合为一体，使用起来更方便，见图 6-27。

二氧化碳气体流量大小应根据接头形式、焊接电流、焊接速度、喷嘴直径等参数决定。通常细丝（≤1.2mm）焊接时，流量为 5～15L/min；粗丝（≥1.6mm）焊接时，流量为 15～25L/min。

图 6-27　减压流量调节器

6.3.5　二氧化碳气体保护焊控制系统

二氧化碳气体保护焊的控制系统由基本控制系统和程序控制系统组成。

基本控制系统主要包括：焊接电流输出调节系统、送丝速度调节系统、气体流量调节系统。它们的作用是在焊前或焊接过程中调节焊接电流、电弧电压、送丝速度和气体流量的大小。

程序控制系统的主要作用如下：

1）控制焊接设备的起动和停止。

2）控制气阀动作，实现提前送气和滞后停气，使焊接区受到良好保护。

3）控制引弧和熄弧。

二氧化碳气体保护焊的引弧方式有以下三种，均为接触引弧：

1）爆断引弧。焊丝接触焊件，并通以电流使焊丝与焊件接触处熔化，焊丝爆断后引弧。

2）慢送丝引弧。焊丝缓慢接近焊件，与焊件接触引燃后，再提高送丝速度达到正常值。

3）回抽引弧。焊丝接触焊件，通电后回抽焊丝引燃电弧。

二氧化碳气体保护焊的熄弧方式有以下两种：

1）电流衰减熄弧。减小焊接电流，这时送丝速度也相应衰减，填满弧坑，防止焊丝与焊件粘连。

135

2）焊丝反烧熄弧。先停止送丝，经过一定时间，再切断焊接电流。

不管采取哪种引弧或熄弧的方式，操作要领是：先通气后引弧，先熄弧后停气。

27 年与焊花为伴，黄春燕用匠心铸造国防脊梁

黄春燕是安徽博微长安电子有限公司长安焊接技能大师工作室主任，她现在主要负责焊接技术指导和一些技术攻关。

即便距离几米开外，看到电焊四溅的火花，常人仍会绕道而行。"焊工特别容易被烫伤，尤其是在炎热的夏季，一般高温天车间里的温度都在 40℃左右，20 来分钟厚厚的工作服便全湿了。而且不能躲，一躲焊缝就歪了，影响产品的质量和美观。"黄春燕边说边撸起袖子，胳膊上大大小小的新旧疤痕赫然在目。

这些疤痕陪伴黄春燕走过入行最艰难的日子，也无声地记录了这位"巾帼焊将"的光辉历程。她在男性主导的电焊领域脱颖而出，将匠心焊刻到柔弱的身板里，以实干精神创造出非凡的业绩，成为全国劳动模范、全国技术能手、国家级焊接技能大师工作室的带头人。

不服输的"女焊子"，疤痕是引以为傲的"军功章"

"焊工最难的是要保持技术的稳定性，会干容易，干好太难。"黄春燕说，为了保证质量，她经常是一动不动地蹲在一个点上几十分钟，或者身体保持一个姿势，直到一个焊接工序完成。"焊工不怕冬天，最怕夏季，本来气温就高，再加上铸件热了之后的温度，仿佛置身在火炉内一样。即使如此，我们仍要保持技术上的稳定，按质按量地完成工作。"黄春燕说，靠着深入骨子里的要强和吃苦耐劳，她艰难地走过入行之初的那段日子。

对待工作，黄春燕从不含糊，理论知识缺乏，她就"啃"，坚持每天挤出时间学习焊工专业知识；实践经验不足，她就"钻"，每天早晨第一个来到车间，利用收集的边角余料，一个人默默地练习焊接。就是凭着一股不服输的信念，黄春燕很快练就了一身过硬的业务技能，成为厂里焊工中的佼佼者。

看似简单的事情用心做，做到极致，就是成功。1992 年，黄春燕代表公司参加了"六安地区职工焊接技术竞赛"青年组比赛并一举夺魁，此后，她先后多次在省市举办的焊工职业技能大赛中取得优异成绩，并获得了省劳动社会保障厅颁发的焊工技师、高级技师职业资格证书。在一次全省技能大赛中，作为 17 支代表队的焊工中的唯一女性，黄春燕以其过硬的理论知识和娴熟的操作技能让现场的评委们竖起了大拇指。

手臂上被焊渣飞溅烫伤留下的疤痕正是她二十多年来辛勤付出的永恒印记，也是她引以为傲的"军功章"。

"焊花"见证巾帼荣耀，摸爬滚打攻克技术难题

黄春燕喜欢钻研，面对困难，也从不退缩。她认为"没有解决不了的难题，只要肯花功夫研究"。

黄春燕大胆创新，积极主动参与技术攻关，攻克了许多技术难题。2004 年，企业接到了某新型雷达试制生产的任务，根据要求，天线骨架所用的材料由原来的钢管改为钛合金管，加工工艺由原来的焊条电弧焊焊接改为氩弧焊焊接，而且必须达到一级焊接水平，缝隙、气孔不能超过 0.3mm。面对近乎苛刻的技术要求，黄春燕和同事们夜以继日地钻研试

验，设计出一套新的焊接工艺方案，这个方案还被确定为焊接工艺规范，仅此一项，每年为公司多创产值近 300 万元。

在黄春燕的焊枪下，汗水滴灌焊花，焊工的成果与骄傲一次次闯入大众视野。她参与焊接的高原自行式炊事车，建功于汶川地震、玉树地震救灾现场；她焊接的雷达多次执行国家大型活动安保任务，为北京奥运会、上海世博会保驾护航；她焊接的军事装备更是在国庆 60 周年阅兵式上威武亮相。

精神传承不能断，培养一批优秀焊工

手臂上的烫伤终会痊愈，而焊工技艺和精神的传承绝不能断。黄春燕说，工匠精神就是精雕细琢、精益求精，最大程度地把控好细节。她这样要求自己，也以同样的标准要求徒弟。"当我徒弟必须承得住压力，我的严厉可是出了名的。"黄春燕半开玩笑地说。由于要求太过苛刻，年轻的小徒弟经常是见了她就"躲着走"。但严师出高徒，大徒弟张印转岗后，已成功升任为焊工组组长，还被授予"六安市五一劳动奖章"。现在，在博微长安公司，能成为黄春燕手把手带的徒弟，是年轻焊工们最大的幸运。

2010 年 12 月，以黄春燕为技术骨干的"长安焊接技能大师工作室"挂牌成立，在技术创新和带徒传技方面发挥了重要作用。她带领团队累计取得 13 项技术创新成果，并将自己多年积累的经验毫无保留地传授给团队成员，培养出一批优秀青年员工。

如今，黄春燕拥有全国劳动模范、全国五一劳动奖章、安徽省国防科技行业技术能手等众多荣誉，并且享受国务院和省政府特殊津贴。"焊工岗位是我最大的荣誉，我在这里实现了自己的人生价值，让我有奉献国防事业的荣誉感和成就感，收获了人生最大的幸福。"黄春燕常常说，自己是博微长安的一名工人，虽然现在的她已经过退休年龄，但心态仍然年轻，她认为做自己热爱的工作，能为国家的国防装备事业继续做贡献是最幸福的事。

6.4　二氧化碳气体保护焊材料

6.4.1　二氧化碳气体保护焊焊丝

1. 对焊丝的要求

1）二氧化碳气体保护焊焊丝必须比母材含有更多的 Mn 和 Si 等脱氧元素，以防止焊缝产生气孔，减少飞溅，保证焊缝金属具有足够的力学性能。

2）焊丝含碳量限制在 0.10% 以下，并控制 S、P 含量。

3）焊丝表面镀铜，镀铜可防止生锈，有利于焊丝保存，并可改善焊丝的导电性及送丝的稳定性。

2. 焊丝型号及规格

根据现行国家标准《熔化极气体保护电弧焊用非合金钢及细晶粒钢实心焊丝》（GB/T 8110—2020）规定，焊丝型号按熔敷金属力学性能、焊后状态、保护气体类型和焊丝化学成分等进行划分。

焊丝型号由如下五部分组成：

1）第一部分：用字母 G 表示熔化极气体保护电弧焊用实心焊丝。

2）第二部分：表示在焊态、焊后热处理条件下，熔敷金属的抗拉强度代号，见表6-5。

3）第三部分：表示冲击吸收能量 KV_2 不小于27J时的试验温度代号，见表6-6。

4）第四部分：表示保护气体类型代号，保护气体类型代号按 GB/T 39255 的规定。

5）第五部分，表示焊丝化学成分分类，见表6-7。

除以上强制分类代号外，可在组合分类中附加如下可选代号：

1）字母 U，附加在第三部分之后，表示在规定的试验温度下，冲击吸收能量应不小于47J。

2）无镀铜代号 N，附加在第五部分之后，表示无镀铜焊丝。

例如 G49A6M21S3N：首字母 G 表示熔化极气体保护焊用实心焊丝；49A 表示在焊态条件熔敷金属抗拉强度最小要求值为 490MPa；6 表示冲击吸收能量不小于27J时的试验温度为 −60℃；M21 表示保护气体组成为 CO_2（15%～25%）+Ar；S3 表示焊丝化学成分分类；N 为可选附加代号，表示无镀铜焊丝。

例如 G49A0UC1S11：首字母 G 表示熔化极气体保护焊用实心焊丝；49A 表示在焊态条件熔敷金属抗拉强度最小要求值为 490MPa；0 表示试验温度为 0℃；U 为可选附加代号，表示冲击吸收能量不小于47J；C1 表示保护气体组成为 100%CO_2；S11 表示焊丝化学成分分类。

例如 G55P7HM13SN71：首字母 G 表示熔化极气体保护焊用实心焊丝；55P 表示在焊后热处理条件熔敷金属抗拉强度最小要求值为 550MPa；7H 表示冲击吸收能量不小于27J时的试验温度为 −75℃；M13 表示保护气体组成为 O_2（0.5%～3%）+Ar；SN71 表示焊丝化学成分分类。

表 6-5　熔敷金属抗拉强度代号

抗拉强度代号[①]	抗拉强度 R_m/MPa	下屈服强度[②] R_{eL}/MPa	断后伸长率 A（%）
43×	430～600	≥ 330	≥ 20
49×	490～670	≥ 390	≥ 18
55×	550～740	≥ 460	≥ 17
57×	570～770	≥ 490	≥ 17

① ×代表 A、P 或者 AP，A 指在焊态条件下试验；P 指在焊后热处理条件下试验；AP 表示在焊态和焊后热处理条件下试验均可。

② 当屈服发生不明显时，应测定规定塑性延伸强度 $R_{p0.2}$。

表 6-6　冲击试验温度代号

冲击试验温度代号	冲击吸收能量不小于27J时的试验温度 /℃
Z	无要求
Y	+20
0	0
2	−20
3	−30
4	−40
4H	−45
5	−50
6	−60
7	−70
7H	−75
8	−80
9	−90
10	−100

表 6-7　焊丝化学成分

序号	化学成分分类	焊丝成分代号	化学成分（质量分数①，%）											
			C	Mn	Si	P	S	Ni	Cr	Mo	V	Cu②	Al	Ti+Zr
1	S2	ER50-2	0.07	0.90~1.40	0.40~0.70	0.025	0.025	0.15	0.15	0.15	0.03	0.50	0.05~0.15	Ti：0.05~0.15 Zr：0.02~0.12
2	S3	ER50-3	0.06~0.15	0.90~1.40	0.45~0.75	0.025	0.025	0.15	0.15	0.15	0.03	0.50	—	—
3	S4	ER50-4	0.06~0.15	1.00~1.50	0.65~0.85	0.025	0.025	0.15	0.15	0.15	0.03	0.50	—	—
4	S6	ER50-6	0.06~0.15	1.40~1.85	0.80~1.15	0.025	0.025	0.15	0.15	0.15	0.03	0.50	—	—
5	S7	ER50-7	0.07~0.15	1.50~2.00	0.50~0.80	0.025	0.025	0.15	0.15	0.15	0.03	0.50	—	—
6	S10	ER49-1	0.11	1.80~2.10	0.65~0.95	0.030	0.030	0.30	0.20	—	—	0.50	—	—
7	S11	—	0.02~0.15	1.40~1.90	0.55~1.10	0.030	0.030	—	—	—	—	0.50	—	0.02~0.30
8	S12	—	0.02~0.15	1.25~1.90	0.55~1.00	0.030	0.030	—	—	—	—	0.50	—	—
9	S13	—	0.02~0.15	1.35~1.90	0.55~1.10	0.030	0.030	—	—	—	—	0.50	0.10~0.50	0.02~0.30
10	S14	—	0.02~0.15	1.60~1.60	1.00~1.35	0.030	0.030	—	—	—	—	0.50	—	—
11	S15	—	0.02~0.15	1.00~1.60	0.40~1.00	0.030	0.030	—	—	—	—	0.50	—	0.02~0.15
12	S16	—	0.02~0.15	0.90~1.60	0.40~1.00	0.030	0.030	—	—	—	—	0.50	—	—
13	S17	—	0.02~0.15	1.50~2.10	0.20~0.55	0.030	0.030	—	—	—	—	0.50	—	0.02~0.30
14	S18	—	0.02~0.15	1.60~2.40	0.50~1.10	0.030	0.030	—	—	—	—	0.50	—	0.02~0.30
15	S1M3	ER49-A1	0.12	1.30	0.30~0.70	0.025	0.025	0.20	—	0.40~0.65	—	0.35	—	—
16	S2M3	—	0.12	0.60~1.40	0.30~0.70	0.025	0.025	—	—	0.40~0.65	—	0.50	—	—
17	S2M31	—	0.12	0.80~1.50	0.30~0.90	0.025	0.025	—	—	0.40~0.65	—	0.50	—	—
18	S3M3T	—	0.12	1.00~1.80	0.40~1.00	0.025	0.025	—	—	0.40~0.65	—	0.50	—	Ti：0.02~0.30

（续）

序号	化学成分分类	焊丝成分代号	化学成分（质量分数①，%）											
			C	Mn	Si	P	S	Ni	Cr	Mo	V	Cu②	Al	Ti+Zr
19	S3M1	—	0.05~0.15	1.40~2.10	0.40~1.00	0.025	0.025	—	—	0.10~0.45	—	0.50	—	—
20	S3M1T	—	0.12	1.40~2.10	0.40~1.00	0.025	0.025	—	—	0.10~0.45	—	0.50	—	Ti:0.02~0.30
21	S4M31	ER55-D2	0.07~0.15	1.60~2.10	0.50~0.80	0.025	0.025	0.15	—	0.40~0.60	—	0.50	—	—
22	S4M31T	ER55-D2-Ti	0.12	1.20~1.90	0.40~0.80	0.025	0.025	—	—	0.20~0.50	—	0.50	—	Ti:0.05~0.30
23	S4M3T	—	0.12	1.60~2.20	0.50~0.80	0.025	0.025	—	—	0.40~0.65	—	0.50	—	Ti:0.02~0.30
24	SN1	—	0.12	1.25	0.20~0.50	0.025	0.025	0.60~1.00	—	0.35	—	0.35	—	—
25	SN2	ER55-Ni1	0.12	1.25	0.40~0.80	0.025	0.025	0.80~1.10	0.15	0.35	0.05	0.35	—	—
26	SN3	—	0.12	1.20~1.60	0.30~0.80	0.025	0.025	1.50~1.90	—	0.35	—	0.35	—	—
27	SN5	ER55-Ni2	0.12	1.25	0.40~0.80	0.025	0.025	2.00~2.75	—	—	—	0.35	—	—
28	SN7	—	0.12	1.25	0.20~0.50	0.025	0.025	3.00~3.75	—	0.35	—	0.35	—	—
29	SN71	ER55-Ni3	0.12	1.25	0.40~0.80	0.025	0.025	3.00~3.75	—	—	—	0.35	—	—
30	SN9	—	0.10	1.40	0.50	0.025	0.025	4.00~4.75	—	0.35	—	0.35	—	—
31	SNCC	—	0.12	1.00~1.65	0.60~0.90	0.030	0.030	0.10~0.30	0.50~0.80	—	—	0.20~0.60	—	—
32	SNCC1	ER55-1	0.10	1.20~1.60	0.60	0.025	0.020	0.20~0.60	0.30~0.90	—	—	0.20~0.50	—	—
33	SNCC2	—	0.10	0.60~1.20	0.60	0.025	0.020	0.20~0.60	0.30~0.90	—	—	0.20~0.50	—	—
34	SNCC21	—	0.10	0.90~1.30	0.35~0.65	0.025	0.025	0.40~0.60	0.10	—	—	0.20~0.50	—	—

（续）

序号	化学成分分类	焊丝成分代号	化学成分（质量分数①，%）											
---	---	---	C	Mn	Si	P	S	Ni	Cr	Mo	V	Cu②	Al	Ti+Zr
35	SNCC3	—	0.10	0.90~1.30	0.35~0.65	0.025	0.025	0.20~0.50	0.20~0.50	—	—	0.20~0.50	—	—
36	SNCC31	—	0.10	0.90~1.30	0.35~0.65	0.025	0.025	—	0.20~0.50	—	—	0.20~0.50	—	—
37	SNCCT	—	0.12	1.10~1.65	0.60~0.90	0.030	0.030	0.10~0.30	0.50~0.80	—	—	0.20~0.60	—	Ti：0.02~0.30
38	SNCCT1	—	0.12	1.20~1.80	0.50~0.80	0.030	0.030	0.10~0.40	0.50~0.80	0.02~0.30	—	0.20~0.60	—	Ti：0.02~0.30
39	SNCCT2	—	0.12	1.10~1.70	0.50~0.90	0.030	0.030	0.40~0.80	0.50~0.80	—	—	0.20~0.60	—	Ti：0.02~0.30
40	SN1M2T	—	0.12	1.70~2.30	0.60~1.00	0.025	0.025	0.40~0.80	—	0.20~0.60	—	0.50	—	Ti：0.02~0.30
41	SN2M1T	—	0.12	1.10~1.90	0.30~0.80	0.025	0.025	0.80~1.60	—	0.10~0.45	—	0.50	—	Ti：0.02~0.30
42	SN2M2T	—	0.05~0.15	1.00~1.80	0.30~0.90	0.025	0.025	0.70~1.20	—	0.20~0.60	—	0.50	—	Ti：0.02~0.30
43	SN2M3T	—	0.05~0.15	1.40~2.10	0.30~0.90	0.025	0.025	0.70~1.20	—	0.40~0.65	—	0.50	—	Ti：0.02~0.30
44	SN2M4T	—	0.12	1.70~2.30	0.50~1.00	0.025	0.025	0.80~1.30	—	0.55~0.85	—	0.50	—	Ti：0.02~0.30
45	SN2MC	—	0.10	1.60	0.65	0.020	0.010	1.00~2.00	—	0.15~0.50	—	0.20~0.50	—	—
46	SN3MC	—	0.10	1.60	0.65	0.020	0.010	2.80~3.80	—	0.05~0.50	—	0.20~0.70	—	—
47	Z×③	—	其他协定成分											

注：1. 表中单值均为最大值。
2. 列表分析列出的"焊丝化学代号"是为了便于实际使用对照。

① 化学分析应按表中规定的元素进行分析。如在分析过程中发现其他元素，这些元素的总量（除铁外）不应超过0.05%。
② Cu含量包括镀铜层中的含量。
③ 表中未列出的分类可用相类似的分类表示，词头加字母Z。化学成分范围不进行规定。两种分类之间不可替换。

141

6.4.2 二氧化碳气体保护焊保护气体

二氧化碳气体保护焊用的二氧化碳一般是被压缩成液体并贮存于钢瓶内，二氧化碳气瓶的容量为 40L，可装 25kg 的液态二氧化碳，占容积的 80%，满瓶压力为 5～7MPa，气瓶外表涂为铝白色，并标有黑色"二氧化碳"的字样。

液态二氧化碳在常温下容易汽化。溶于液态二氧化碳中的水分，易蒸发成水蒸气混入二氧化碳气体中，影响二氧化碳气体的纯度。气瓶内二氧化碳气体中的含水量，与瓶内的压力有关，随着使用时间的增长，瓶内压力降低，水蒸气增多。当压力降低到 0.98MPa 时，二氧化碳气体中含水量大大增加，不能继续使用。

二氧化碳气体保护焊用二氧化碳气体的纯度应大于 99.5%，含水量不超过 0.05%，否则会降低焊缝的力学性能，焊缝也容易产生气孔。如果二氧化碳气体的纯度达不到标准，可进行提纯处理。

生产中提高二氧化碳气体纯度的措施如下：

1）倒置排水。将二氧化碳气瓶倒置 1～2h，使水分下沉，然后打开阀门放水 2～3 次，每次放水间隔 30min。

2）正置放气。更换新气前，先将二氧化碳气瓶正立放置 2h，打开阀门放气 2～3min，以排出混入瓶内的空气和水分。

3）使用干燥器。在二氧化碳气路中串接几个过滤式干燥器，用以干燥含水较多的二氧化碳气体。

二氧化碳气瓶内的压力与外界温度有关，其压力随着外界温度的升高而增大，因此，二氧化碳气瓶严禁靠近热源或置于烈日下曝晒，以免压力增大发生爆炸危险。

焊接人物志

"焊接教练"宋永志：焊花里的传承

雷沃阿波斯农业装备水稻机工厂的焊工宋永志对工作有着发自内心的热爱，自 2003 年进厂以来，他一直工作在焊接岗位上，练就了一身过硬的焊接技能，在工作中能够及时发现问题，并积极想办法改造提升，在他看来苦和累都是小事，只要焊接出来的产品质量过硬就满足了。"我从来没想过转行，只想继续深造焊接技能。"宋永志说。

从最初时焊接手抖，到后来公司举行焊接技能比武夺得"一等奖""二等奖"，这背后蕴藏着宋永志的执着与付出。为了练习稳定性，宋永志和同事在焊枪上挂上重物，保持一个姿势不动，看谁坚持的时间长；为了保证焊缝的光滑平整，工作之余，他找来废料，一遍遍反复练习；焊接薄板最考验技术，他专门拿出时间练习，焊漏了补起来再继续，如今他已可以焊接 0.8～1mm 厚的薄板。

焊接工作在常人看来又苦又累，不过宋永志却甘之如饴。"可能就是因为喜欢，自参加工作以来，我从来没有想过要转行，夏天我们车间里温度特别高，而我们必须穿戴防护装备，经常工作一段时间后，就会汗流浃背，很多新来的年轻人由于受不了，就会选择放弃。"在宋永志看来，焊接工作不仅让他有了稳定收入，也让他获得了成就感，从起初看不懂图样到现在可以熟练地按照图样进行操作，从实习工到带徒师傅，学习上进的过程让他感到非常充实。

　　气路改善、滚轴跳动工装改善、台车梁焊合吊装改善……除了具备一身高超的焊接技能外，宋永志也是一个善于发现问题、解决问题的人，自 2003 年至今，他已经完成数百个改善项目。

　　下架点固工位一直是焊接车间的瓶颈工序，在装焊台车梁焊合时需要人工搬运，台车梁焊合单根重量达到 30kg，在搬运过程中，员工劳动强度大，而且存在安全隐患。宋永志根据下架焊合台车梁宽度，设计制作了台车梁吊装吊具，制作拉紧式吊具吊钩，在其投入使用后，大大降低了员工的劳动强度，消除了安全隐患。

　　"熟能生巧，对工作岗位熟悉之后自然就能发现问题，我作为一线工人，对存在的问题进行改善，不仅可以降低同事们的工作强度，而且可以保障生产的安全性，生产出更高质量的产品。"工作二十年以来，宋永志练就了高超的焊接技能，成就了无数个荣耀；他凭借辛勤付出和严谨的工作态度，在生产一线练就了一身焊接本领，先后荣获了先进职工、生产标兵、改善标兵和公司明星员工等荣誉称号。对于未来的规划，他打算好好学习机器人编程，紧跟公司发展需要，继续做一名高技能的焊接工。

教学单元 7

熔化极气体保护焊

焊条电弧焊、埋弧焊是以渣保护为主的电弧焊方法。随着工业生产和科学技术的迅速发展，各种非铁金属、高合金钢、稀有金属的应用日益增多，对于这些金属材料的焊接，以渣保护为主的焊接方法是难以适应的，使用气保护形式的气体保护焊不仅能够弥补渣保护焊接的局限性，而且具备独特的优越性，因此气体保护焊已在国内外焊接生产中得到了广泛的应用。

根据电极材料不同，气体保护焊可分为非熔化极气体保护焊和熔化极气体保护焊，其中熔化极气体保护焊应用最广。

7.1 熔化极气体保护焊概述

7.1.1 熔化极气体保护焊原理、分类及特点

1. 熔化极气体保护焊的原理

气体保护电弧焊是用外加气体作为电弧介质并保护电弧和焊接区的电弧焊方法，简称气体保护焊。使用熔化电极的气体保护焊称为熔化极气体保护焊。熔化极气体保护焊是采用连续送进可熔化的焊丝与焊件之间的电弧作为热源来熔化焊丝和焊件，形成熔池和焊缝的焊接方法，见图7-1。为了得到良好的焊缝并保证焊接过程的稳定性，应利用外加气体作为电弧介质，并使熔滴、熔池和焊接区金属免受周围空气的有害作用。

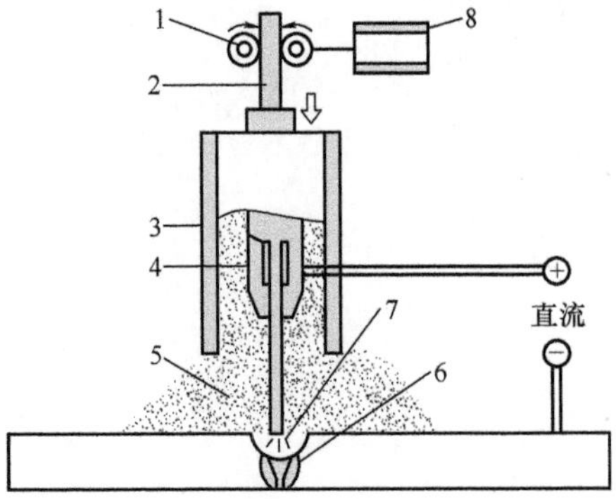

2. 熔化极气体保护焊的分类

熔化极气体保护焊按保护气体的成分不同，可分为熔化极惰性气体保护焊（MIG焊）、熔化极活性气体保护焊（MAG焊）、二氧化碳气体保护焊（CO_2焊）三种，见图7-2。常用的熔化极气体保护焊方法的特点及应用见表7-1。

图 7-1　熔化极气体保护焊示意图

1—送丝滚轮　2—焊丝　3—喷嘴　4—导电嘴
5—保护气体　6—焊缝金属　7—电弧　8—送丝机

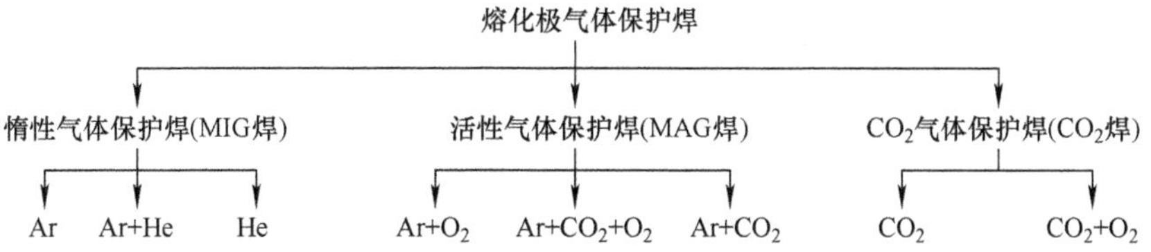

图 7-2　熔化极气体保护焊分类

表 7-1　常用的熔化极气体保护焊方法的特点及应用

焊接方法	保护气体	特点	应用范围
二氧化碳气体保护焊	CO_2、CO_2+O_2	优点是生产率高，对油、锈不敏感，冷裂倾向小，焊接变形和焊接应力小，操作简便、成本低，可全位置焊接 缺点是飞溅较多，弧光较强，很难用交流电源焊接及在有风的地方施焊等 熔滴过渡形式主要有短路过渡和滴状过渡	广泛用于焊接低碳钢、低合金钢，与药芯焊丝配合可以焊接耐热钢、不锈钢或进行堆焊等。特别适用于薄板焊接
熔化极惰性气体保护焊	Ar、Ar + He、He	几乎可以焊接所有金属材料，生产率比钨极氩弧焊高，飞溅小，焊缝质量好，可全位置焊 缺点是成本较高，对油、锈很敏感，易产生气孔，抗风能力弱等 熔滴过渡形式有喷射过渡和短路过渡	几乎可以焊接所有金属材料，主要用于焊接非铁金属、不锈钢和合金钢，或焊接碳钢及低合金钢管及接头打底焊道。能焊接薄板、中板和厚板焊件
熔化极活性气体保护焊	Ar + O_2 + CO_2、Ar + CO_2、Ar + O_2	熔化极活性气体保护焊克服了二氧化碳气体保护焊和熔化极惰性气体保护焊的主要缺点。飞溅减小、熔敷系数提高，合金元素烧损较 CO_2 焊小，焊缝成形、力学性能好，成本较熔化极惰性气体保护焊低、比 CO_2 焊高。熔滴过渡形式主要有喷射过渡和短路过渡	用于焊接碳钢、低合金钢、不锈钢等，能焊接薄板、中板和厚板焊件

熔化极气体保护焊按所用的焊丝类型不同，可分为实心焊丝气体保护焊和药芯焊丝气体保护焊。

熔化极气体保护焊按操作方式不同，可分为半自动气体保护焊和自动气体保护焊。

3. 熔化极气体保护焊的特点

熔化极气体保护焊与其他电弧焊方法相比具有以下特点：

1）采用明弧焊，一般不必用焊剂，没有熔渣，熔池可见度好，便于操作。而且，保护气体是喷射的，适宜进行全位置焊接，不受空间位置的限制，有利于实现焊接过程的机械化和自动化。

2）由于电弧在保护气流的压缩下热量集中，焊接熔池和热影响区很小，因此焊接变形小、焊接裂纹倾向不大，尤其适用于薄板焊接。

3）采用氩、氦等惰性气体保护，焊接化学性质较活泼的金属或合金时，可获得高质量的焊接接头。

4）熔化极气体保护焊不宜在有风的地方施焊，在室外作业时须有专门的防风措施。此外，电弧光的辐射较强，焊接设备较复杂。

熔化极气体
保护焊气体

7.1.2 熔化极气体保护焊气体

熔化极气体保护焊常用的气体有：氩气（Ar）、氦气（He）、氮气（N_2）、氢气（H_2）、二氧化碳气体（CO_2）及混合气体。常用保护气体的应用见表 7-2。

表 7-2 常用保护气体的应用

被焊材料	保护气体	混合比（%）	化学性质
铝及铝合金	Ar		惰性
	Ar + He	He：10	
铜及铜合金	Ar		惰性
	Ar + N_2	N_2：20	
	N_2		还原性
不锈钢	Ar + O_2	O_2：1～2	氧化性
	Ar + O_2 + CO_2	O_2：2，CO_2：5	
碳钢及低合金钢	CO_2		氧化性
	Ar + CO_2	CO_2：20～30	
	CO_2 + O_2	O_2：10～15	
钛锆及其合金	Ar		惰性
	Ar+He	He：25	
镍基合金	Ar+He	He：15	惰性

1. 氩气（Ar）和氦气（He）

氩气、氦气是惰性气体，对于化学性质活泼及易与氧气发生反应的金属，是非常理想的保护气体，故常用于铝、镁、钛等金属及其合金的焊接。由于氦气的消耗量很大，而且价格昂贵，所以很少用单一的氦气，常和氩气等混合起来使用。

2. 氮气（N_2）和氢气（H_2）

氮气、氢气是还原性气体。氮气可以与多数金属发生反应，是焊接中的有害气体。但氮气不溶于铜及铜合金，故可作为铜及其合金焊接的保护气体。氢气已经很少单独使用。氮气、氢气常和其他气体混合起来使用。

3. 二氧化碳（CO_2）

二氧化碳是氧化性气体。由于二氧化碳气体来源丰富，而且成本低，因此值得推广应用，目前主要用于碳钢及低合金钢的焊接。

4. 混合气体

混合气体是在一种保护气体中加入适量的另一种（或两种）其他气体。应用最广的是在惰性气体氩气（Ar）中加入少量的氧化性气体（如 CO_2、O_2 或其混合气体），它常作为焊接碳钢、低合金钢及不锈钢的保护气体。

中国建造

高空焊接机器人亮相引关注

2021 年 9 月 25 日，广西柳州公共交通配套工程项目的智能建造展馆内，一台由建筑单位自主研发的智能焊接机器人吸引了众多参观者的目光。

该机器人是全国首台跨坐式单轨智能焊接机器人，可通过无线操控在轻轨等高空轨道上行走、作业。在设定焊接路径后，机器人能够自动在不同焊缝间切换。在当天的展示中，工作人员现场演示了焊接作业过程。

中建五局工程创新研究院设备研发研究员杨坚介绍，这台机器人由行走系统、导向系统、控制系统以及前端的焊接机械臂组成，是他看到工人冒着危险在塔架上进行高空焊接时有感，带队耗时 6 个多月研制出的产品。经测试，该机器人的工作效率可达人工作业的 3 倍以上，已实际应用于柳州公共交通配套工程项目建设中。

7.2　熔化极氩弧焊

熔化极惰性气体保护焊一般是采用氩气或氩气和氦气的混合气体作为保护气体进行焊接的。所以熔化极惰性气体保护焊通常指的是熔化极氩弧焊。

7.2.1　熔化极氩弧焊基本原理

熔化极氩弧焊是用填充焊丝作为熔化电极的氩气保护焊，见图 7-3。

1. 熔化极氩弧焊的基本原理

熔化极氩弧焊采用焊丝作为电极，在氩气保护下，电弧在焊丝与焊件之间燃烧。焊丝连续送给并不断熔化，熔化的熔滴不断向熔池过渡，与液态的焊件金属熔合，经冷却凝固后形成焊缝。熔化极氩弧焊按其操作方式有半自动熔化极氩弧焊和自动熔化极氩弧焊两种。

2. 熔化极氩弧焊的特点

与二氧化碳气体保护焊、钨极氩弧焊相比，熔化极氩弧焊具有以下优点：

1）焊缝质量好。由于采用惰性气体作为保护气体，所以保护气体不与金属发生化学反应，合金元素不会氧化烧损，而且保护气体也不溶于金属。因此焊缝保护效果好，且飞溅极少，能

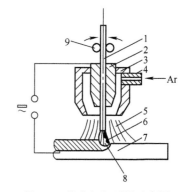

图 7-3　熔化极氩弧焊示意图

1—焊丝或电极　2—导电嘴　3—喷嘴

4—进气管　5—氩气流　6—电弧

7—焊件　8—填充焊丝　9—送丝滚轮

获得夹杂物较少的高质量焊缝。

2）焊接范围广。熔化极氩弧焊几乎可以对所有的金属材料进行焊接，特别适宜焊接化学性质活泼的金属和合金。近年来，由于碳钢和低合金钢等钢铁材料更多采用熔化极活性混合气体保护焊，因此熔化极氩弧焊主要用于铝、镁、钛、铜及其合金和不锈钢及耐热钢等材料的焊接，有时还可用于焊接结构上的打底焊。熔化极氩弧焊不仅能焊接薄板，也能焊接厚板，特别适用于中、厚板的焊接。

3）焊接效率高。由于用焊丝作为电极，弥补了钨极氩弧焊时钨极的熔化和烧损的不足，焊接电流可大幅增加，焊缝厚度大，焊丝熔敷速度快，所以一次焊接成形的焊缝厚度显著增加。例如焊接铝及铝合金，当焊接电流为 $450 \sim 470A$ 时，焊缝的厚度可达 $15 \sim 20mm$。而且在采用自动焊或半自动焊时，具有较高的焊接生产率，同时改善了劳动条件。

熔化极氩弧焊的主要缺点是：①无脱氧去氢作用，对焊丝和母材上的油、锈敏感，易产生气孔等缺陷，所以对焊丝和母材表面要求清理严格；②由于采用氩气或氦气保护，焊接成本相对较高。

3. 熔化极氩弧焊的熔滴过渡形式

当采用短路过渡或滴状过渡时，由于飞溅较严重，电弧复燃困难，焊件金属熔化不良，容易产生焊缝缺陷，所以熔化极氩弧焊一般不采用短路过渡或滴状过渡的形式，而多采用喷射过渡的形式。

7.2.2　熔化极氩弧焊设备

熔化极氩弧焊设备与二氧化碳气体保护焊的基本相同，主要由焊接电源、供气系统、送丝机构、控制系统、半自动焊枪、冷却系统等部分组成，见图 7-4。

自动熔化极氩弧焊设备与半自动熔化极氩弧焊设备相比多了一套行走机构，并且通常将送丝机构与焊枪装在焊接小车或专用的焊接机头上，这样可使送丝机构更为简单可靠。

半自动熔化极氩弧焊机由于多使用细焊丝施焊，所以采用等速送丝式系统，配用平特性电源。自动熔化极氩弧焊机自动调节的工作原理与埋弧焊基本相同。选用细焊丝时，采用等速送丝系统，配用缓降外特性焊接电源；选用粗焊丝时，采用变速送丝系统，配用陡降外特性焊接电源，以保证自动调节及焊接过程的稳定性。自动熔化极氩弧焊大多采用粗焊丝。

图 7-4　熔化极氩弧焊焊接设备

由于熔化极氩弧焊的供气系统采用惰性气体，所以不需要预热器。又因为惰性气体也不像 CO_2 那样含有水分，故不需干燥器。我国定型生产的半自动熔化极氩弧焊机有 NBA 系列，如 NBA1-500 型等；自动熔化极氩弧焊机有 NZA 系列，如 NZA-1000 型等。

7.2.3　熔化极氩弧焊操作工艺

熔化极氩弧焊的主要焊接参数有焊丝直径、焊接电流、电弧电压、焊接速度、喷嘴直径、氩气流量等。

焊接电流和电弧电压是获得喷射过渡的关键。只有焊接电流大于临界电流，才能获得喷射过渡，不同材料和不同焊丝直径的临界电流见表 7-3。但焊接电流也不宜过大，当焊接电流过大时，熔滴将产生不稳定的非轴向喷射过渡，使飞溅增加，破坏熔滴过渡的稳定性。

表 7-3　不同材料和不同焊丝直径的临界电流

材料	焊丝直径 /mm	临界电流 /A
铝	0.8	95
	1.2	135
	1.6	180
脱氧铜	0.9	180
	1.2	210
	1.6	310
钛	0.8	120
	1.6	225
	2.4	320
不锈钢	0.8	160
	1.2	210
	1.6	240
	2.0	280
	2.5	300
	3.0	350

若要获得稳定的喷射过渡，则在选定焊接电流值后，还要匹配合适的电弧电压值。实践表明，对于一定的临界电流值都有一个最低的电弧电压值与之相匹配，如果电弧电压低于这个值，即使焊接电流远高于临界电流，也不能获得稳定的喷射过渡。但电弧电压也不能过高。电弧电压过高，不仅影响气体保护效果，还会降低焊缝成形质量。

由于熔化极氩弧焊对熔池和电弧区的保护要求较高，而且电弧功率及熔池体积一般较钨极氩弧焊大，所以氩气流量和喷嘴孔径需相应增大，通常喷嘴孔径为 20mm 左右，氩气流量在 30～65L/min 范围内。

熔化极氩弧焊采用直流反接，因为直流反接易实现喷射过渡，飞溅少，并且还可发挥"阴极破碎"作用。半自动熔化极氩弧焊焊接参数见表 7-4。

表 7-4　半自动熔化极氩弧焊焊接参数

焊件厚度 /mm	焊丝直径 /mm	喷嘴直径 /mm	焊接电流 /A	电弧电压 /V	氩气流量 /（L/min）
8～12	1.6～2.5	20	180～310	20～30	50～55
14～22	2.5～3.0	20	300～470	30～42	55～65

7.3 药芯焊丝气体保护焊

药芯焊丝是继焊条、实心焊丝之后又一类广泛应用的焊接材料，使用药芯焊丝作为填充金属的各种电弧焊方法称为药芯焊丝电弧焊，见图7-5。药芯焊丝电弧焊根据外加保护方式不同有药芯焊丝气体保护电弧焊、药芯焊丝埋弧焊及药芯焊丝自保护焊。

药芯焊丝气体保护焊又分为药芯焊丝二氧化碳气体保护焊、药芯焊丝熔化极惰性气体保护焊和药芯焊丝混合气体保护焊等，其中应用最广的是药芯焊丝二氧化碳气体保护焊。

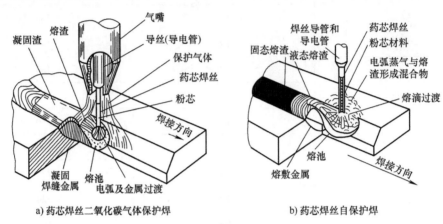

a) 药芯焊丝二氧化碳气体保护焊   b) 药芯焊丝自保护焊

图 7-5 药芯焊丝电弧焊示意图

7.3.1 药芯焊丝气体保护焊基本原理

1. 药芯焊丝气体保护焊的基本工作原理

药芯焊丝气体保护焊的基本工作原理与普通熔化极气体保护焊一样，是以可熔化的药芯焊丝作为电极及填充材料，在外加气体（如二氧化碳）的保护下进行焊接的电弧焊方法。与普通熔化极气体保护焊的主要区别在于焊丝内部装有药粉，焊接时，在电弧热作用下，熔化状态的药芯焊丝、焊丝金属、母材金属和保护气体相互之间发生冶金作用，同时形成一层较薄的液态熔渣，熔渣包覆熔滴并覆盖熔池，对熔化金属又形成了一层的保护。实质上这种焊接方法是一种气渣联合保护的方法，见图7-6。

2. 药芯焊丝的发展

焊条、实心焊丝、药芯焊丝三大类焊接材料中，焊条年消耗量呈逐年下降趋势，实心焊丝年消耗量进入平稳发展阶段，而药芯焊丝无论是在品种、规格还是在用量等各方面仍具有很大的发展空间。

据中国焊接协会数据，2020年药芯焊丝产量为46万吨，占中国焊接材料总量的15.6%。国产药芯焊丝无论是在品种还是产量上都不能满足目前国内市场的需求。然而从近几年国产药芯焊丝的发展趋势可以看出，国产药芯焊丝的生产水平及其相关技术已经成熟，今后几年我国的药芯焊丝技术及应用也将进入高速发展阶段。

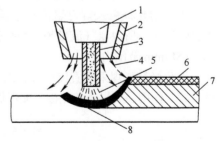

图 7-6 药芯焊丝气体保护焊示意图

1—导电嘴 2—喷嘴 3—药芯焊丝

4—CO_2 气体 5—电弧 6—焊渣

7—焊缝 8—熔池

7.3.2　药芯焊丝气体保护焊特点

1.药芯焊丝气体保护焊的优点

（1）焊接工艺性能好

在电弧高温作用下，芯部各种物质引发造气、造渣以及一系列冶金反应，对熔滴过渡形态、熔池表面张力等物理性能产生影响，明显地改善了焊接工艺性能。即使采用二氧化碳气体保护焊，也可实现熔滴的喷射过渡，可做到无飞溅和全位置焊接，且焊道成形美观。药芯焊丝气体保护焊平焊效果见图7-7。

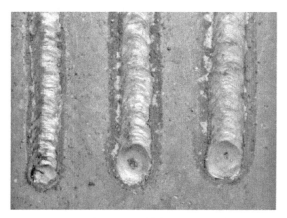

图 7-7　药芯焊丝气体保护焊平焊效果

（2）熔敷速度快、生产率高

药芯焊丝可连续地进行自动、半自动焊接。焊接时，焊接电流通过很薄的金属外皮，其电流密度较高，熔化速度快。药芯焊丝的熔敷速度明显高于焊条，并略高于实心焊丝，见图7-8。药芯焊丝气体保护焊的生产率为焊条电弧焊的 3～4 倍。

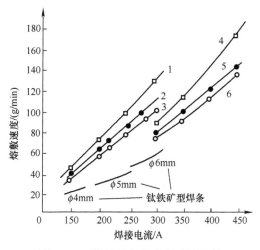

图 7-8　三类焊接材料熔敷速度比较

1—金属粉型药芯焊丝，ϕ1.2mm　2—氧化钛型药芯焊丝，ϕ1.2mm　3—金属粉型药芯焊丝，ϕ1.6mm

4—实心焊丝，ϕ1.2mm　5—氧化钛型药芯焊丝，ϕ1.6mm　6—实心焊丝，ϕ1.6mm

（3）合金成分调整方便

药芯焊丝可以通过金属外皮和药芯两种途径调整熔敷金属的化学成分。通过改变药芯焊丝中的填充成分，可获得各种不同渣系、合金系的药芯焊丝，以满足各种需求，铜铝药芯焊丝见图7-9。该优点对于低合金高强度钢焊接产生的积极影响是实心焊丝无法比拟的。

（4）能耗低

在药芯焊丝气体保护焊过程中，连续的生产使得焊机空载损耗大为减少。同时，较大的电流密度，增加了电阻热，提高了热能利用率。这两者使药芯焊丝能源有效利用率提高，可节能20%～30%。

图 7-9　铜铝药芯焊丝

（5）综合成本低

焊接生产的总成本应由焊接材料、辅助材料、人工费用、能源消耗、生产率、熔敷金属表面填充量等多项指标综合构成。焊接相同厚度（中厚板以上）的钢板，对于单位长度焊缝，使用药芯焊丝的综合成本明显低于焊条，且略低于实心焊丝。使用药芯焊丝经济效益是非常明显的，金属粉型药芯焊丝与实心焊丝成本比较见表7-5。

表 7-5　金属粉型药芯焊丝与实心焊丝成本比较

对比项目		实心焊丝	金属粉型药芯焊丝
焊接条件	焊接材料	ER70S-6	E70-6M
	焊丝直径 /mm	1.2	1.2
	电流 /A	250	275
	电压 /V	28	32
	气体流量 /（L/min）	16（Ar），4（CO_2）	16（Ar），4（CO_2）
材料费用	填充量 /kg	0.933	0.805
	熔敷速率（%）	96.08（未去飞溅等杂物）	93.38
	焊材消耗 /kg	0.971	0.862
	焊材单价 /（元/kg）	7	17
	焊材费用 /元	6.79	14.65
附件费用	熔敷速度 /（g/min）	59	64
	电弧时间 /h	0.26	0.21
	耗电量 /kW	1.82	1.84
	电力单价 /（元/kW）	0.7	0.7
	电力费用 /元	1.27	1.29
	气体用量 /L	313.6	258.4
	气体单价 /（元/L）	0.003	0.001
	气体费用 /元	0.94	0.26
人工费用（8h内）	操作系数（%）	30	90
	工作时间 /h	0.86	0.23
	劳力单价 /（元/h）	12	12
	劳力费用 /元	10.32	2.76
合计 /元		19.32	18.96

2. 药芯焊丝气体保护焊的缺点

（1）制造设备复杂

无论用何种工艺生产药芯焊丝，其设备的复杂程度，以及对于加工精度、控制精度、技术含量、操作人员素质等多方面的要求，均高于另两类焊接材料的生产设备，药芯焊丝制造设备见图 7-10。因此，药芯焊丝生产设备的一次性投入费用高。

图 7-10　药芯焊丝制造设备

（2）制造工艺技术要求高

药芯焊丝生产工艺的复杂程度，远高于焊条和实心焊丝。合格的药芯焊丝产品除了要求精良的制造设备、高水平的药粉配方技术，另一关键则在于制造工艺。目前，国内许多药芯焊丝制造厂家在产品质量、产量上不理想，其原因还是在制造工艺方面尚不过关。

（3）药芯焊丝成品的防潮保管要求高

除了无缝药芯焊丝外表面可镀铜外，药芯焊丝在防潮保管方面比另两类焊接材料要求高。在防潮性能方面，药芯焊丝不如镀铜实心焊丝好。从受潮后通过烘干恢复其性能方面分析，药芯焊丝不如焊条，受潮较重的药芯焊丝，或是无法烘干（塑料盘），或是烘干效果不理想，基本上不能使用。在防潮保管问题上，一方面生产厂家在药芯焊丝包装上要给予充分重视，采取相应的技术措施；另一方面建议使用单位不要长期大量存放药芯焊丝。目前的常规防潮包装可保证药芯焊丝在半年至一年内基本保持出厂时的技术要求。因此使用单位应根据生产实际情况组织进货，减少库存。

7.3.3　药芯焊丝的组成及型号

1. 药芯焊丝的组成

药芯焊丝是由金属外皮（如 08A）和芯部药粉组成的，即由薄钢带卷成圆形钢管成异形钢管的同时，填满一定成分的药粉后拉制而成。其截面形状有 O 形、梅花形、T 形、E 形和中间填丝形等，见图 7-11。

药芯焊丝按芯部药粉类型来分，可分为有渣型和无渣型。无渣型又称为金属粉芯焊丝，主要用于埋弧焊，高速 CO_2 气体保护药芯焊丝也多为金属粉型。有渣型药芯焊丝按渣的酸碱度不同，分为酸性渣和碱性渣两类。目前用量较大的二氧化碳气体保护药芯焊丝多为钛型渣系，即酸性渣系。而自保护药芯焊丝多采用高氟化物渣系，即弱碱性渣系。目前国产的二氧化碳气体保护焊药芯焊丝多为钛型药粉焊丝，规格有 $\phi2.0mm$、$\phi2.4mm$、$\phi2.8mm$、$\phi3.2mm$ 等几种。

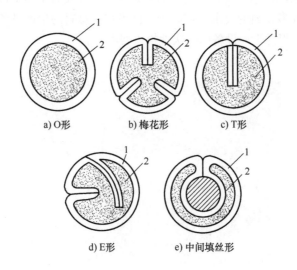

a) O形   b) 梅花形   c) T形

d) E形   e) 中间填丝形

图 7-11　药芯焊丝的截面形状

1—钢带　2—药粉

2.碳钢药芯焊丝的型号

根据现行国家标准《热强钢药芯焊丝》（GB/T 17493—2018）规定，焊丝型号按熔敷金属力学性能、使用特性、焊接位置、保护气体类型和熔敷金属化学成分等进行划分。

焊丝型号由如下六部分组成：

1）第一部分：用字母 T 表示药芯焊丝。

2）第二部分：表示熔敷金属的抗拉强度代号，见表 7-6。

3）第三部分：表示使用特性代号，见表 7-7。

4）第四部分：表示焊接位置代号，见表 7-8。

5）第五部分：表示保护气体类型代号，见表 7-9。

6）第六部分：表示熔敷金属化学成分的分类，见表 7-10。

除以上强制分类代号外，可在其后附加可选代号。

扩散氢代号 H×，附加在最后，其中 × 可为数字 15、10、5，分别表示每 100g 熔敷金属中扩散氢含量（单位为 mL）的最大值，见表 7-11。

例如 T55T5-0M21-1CMH5：首字母 T 表示药芯焊丝；55 表示熔敷金属抗拉强度最小值为 550MPa；T5 表示药芯类型为氧化钙 - 氟化物，采用直流反接或直流正接，粗滴过渡等；0 表示焊接位置为平焊和平角焊位置；M21 表示保护气体组成为 CO_2（15% ~ 25%）+Ar；1CM 表示熔敷金属化学成分分类；H5 为可选附加代号，表示熔敷金属扩散氢含量不大于 5mL/100g。

例如 T62T15-1M13-2C1M：首字母 T 表示药芯焊丝；62 表示熔敷金属抗拉强度最小值为 620MPa；T15 表示药芯类型为金属粉型，采用直流；1 表示焊接位置为全位置；M13 表示保护气体组成为（0.5% ≤ O_2 ≤ 3%）+ Ar；2 C1M 表示熔敷金属化学成分分类。

表 7-6　熔敷金属抗拉强度代号

抗拉强度代号	抗拉强度 R_m/MPa
49	490 ~ 660
55	550 ~ 690
62	620 ~ 760
69	690 ~ 830

表 7-7　使用特性代号

使用特性代号	保护气体	电流类型	熔滴过渡形式	药芯类型	焊接位置	特性
T1	要求	直流反接	喷射过渡	金红石	0 或 1	飞溅小，平或微凸焊道，熔敷速度高
T5	要求	直流反接或直流正接	粗滴过渡	氧化钙 - 氟化物	0 或 1	微凸焊道，不能完全覆盖焊道的薄渣，与 T1 相比冲击韧性好，有较好的抗冷裂和抗热裂性能
T15	要求	直流反接	微细熔滴喷射过渡	金属粉型	0 或 1	药芯含有合金和铁粉，熔渣覆盖率低
TG			供需双方决定			

注：焊丝的使用特性说明参见 GB/T 17493—2018 中附录 F。

表 7-8　焊接位置代号

焊接位置代号	焊接位置[①]
0	PA、PB
1	PA、PB、PC、PD、PE、PF 和 / 或 PG

① 焊接位置见 GB/T 16672，其中 PA = 平焊；PB = 平角焊，PC = 横焊，PD = 仰角焊，PE = 仰焊，PF = 向上立焊，PG = 向下立焊。

表 7-9　保护气体类型代号

保护气体类型代号		保护气体组成（体积分数，%）					
主组分	副组分	氧化性		惰性		还原性	低活性
		CO_2	O_2	Ar	He	H_2	N_2
I	1			100			
	2				100		
	3			余量	0.5 ≤ He ≤ 95		
M1	1	0.5 ≤ CO_2 ≤ 5		余量[①]		0.5 ≤ H_2 ≤ 5	
	2	0.5 ≤ CO_2 ≤ 5		余量[①]			
	3		0.5 ≤ O_2 ≤ 3	余量[①]			
	4	0.5 ≤ CO_2 ≤ 5	0.5 ≤ O_2 ≤ 3	余量[①]			
M2	0	5 < CO_2 ≤ 15		余量[①]			
	1	15 < CO_2 ≤ 25		余量[①]			
	2		3 < O_2 ≤ 10	余量[①]			
	3	0.5 ≤ CO_2 ≤ 5	3 < O_2 ≤ 10	余量[①]			
	4	5 < CO_2 ≤ 15	0.5 ≤ O_2 ≤ 3	余量[①]			
	5	5 < CO_2 ≤ 15	3 < O_2 ≤ 10	余量[①]			
	6	15 < CO_2 ≤ 25	0.5 ≤ O_2 ≤ 3	余量[①]			

（续）

保护气体类型代号		保护气体组成（体积分数，%）					
主组分	副组分	氧化性		惰性		还原性	低活性
		CO_2	O_2	Ar	He	H_2	N_2
	7	$15 < CO_2 \leq 25$	$3 < O_2 \leq 10$	余量①			
M3	1	$25 < CO_2 \leq 50$		余量①			
	2		$10 < O_2 \leq 15$	余量①			
	3	$25 < CO_2 \leq 50$	$2 < O_2 \leq 10$	余量①			
	4	$5 < CO_2 \leq 25$	$10 < O_2 \leq 15$	余量①			
	5	$25 < CO_2 \leq 50$	$10 < O_2 \leq 15$	余量①			
C	1	100					
	2	余量	$0.5 \leq O_2 \leq 30$				
R	1			余量①		$0.5 \leq H_2 \leq 15$	
	2			余量①		$15 < H_2 \leq 50$	
N	1						100
	2			余量①			$0.5 \leq N_2 \leq 5$
	3			余量①			$5 < N_2 \leq 50$
	4			余量①		$0.5 \leq H_2 \leq 10$	$0.5 \leq N_2 \leq 5$
	5					$0.5 \leq H_2 \leq 50$	余量
O	1		100				
Z②		表中未列出的保护气体类型或保护气体组成					

① 以分类为目的，氩气可部分或全部由氦气代替。

② 同为 Z 的两种保护气体类型代号之间不可替换。

表 7-10　熔敷金属化学成分

化学成分分类	化学成分（质量分数①，%）								
	C	Mn	Si	P	S	Ni	Cr	Mo	V
2M3	0.12	1.25	0.80	0.030	0.030	—	—	0.40 ~ 0.65	—
CM	0.05 ~ 0.12	1.25	0.80	0.030	0.030	—	0.40 ~ 0.65	0.40 ~ 0.65	—
CML	0.05	1.25	0.80	0.030	0.030	—	0.40 ~ 0.65	0.40 ~ 0.65	—
1CM	0.05 ~ 0.12	1.25	0.80	0.030	0.030	—	1.00 ~ 1.50	0.40 ~ 0.65	—
1CML	0.05	1.25	0.80	0.030	0.030	—	1.00 ~ 1.50	0.40 ~ 0.65	—
1CMH	0.10 ~ 0.15	1.25	0.80	0.030	0.030	—	1.00 ~ 1.50	0.40 ~ 0.65	—
2C1M	0.05 ~ 0.12	1.25	0.80	0.030	0.030	—	2.00 ~ 2.50	0.90 ~ 1.20	—
2C1ML	0.05	1.25	0.80	0.030	0.030	—	2.00 ~ 2.50	0.90 ~ 1.20	—
2C1MH	0.10 ~ 0.15	1.25	0.80	0.030	0.030	—	2.00 ~ 2.50	0.90 ~ 1.20	—
5CM	0.05 ~ 0.12	1.25	1.00	0.025	0.030	0.40	4.0 ~ 6.0	0.45 ~ 0.65	—
5CML	0.05	1.25	1.00	0.025	0.030	0.40	4.0 ~ 6.0	0.45 ~ 0.65	—
9C1M②	0.05 ~ 0.12	1.25	1.00	0.040	0.030	0.40	8.0 ~ 10.5	0.85 ~ 1.20	—
9C1ML②	0.05	1.25	1.00	0.040	0.030	0.40	8.0 ~ 10.5	0.85 ~ 1.20	—
9C1MV③	0.08 ~ 0.13	1.20	0.50	0.020	0.015	0.80	8.0 ~ 10.5	0.85 ~ 1.20	0.15 ~ 0.30
9C1MV1④	0.05 ~ 0.12	1.25 ~ 2.00	0.50	0.020	0.015	1.00	8.0 ~ 10.5	0.85 ~ 1.20	0.15 ~ 0.30
GX⑤	其他协定成分								

注：表中单值均为最大值。

① 化学分析应按表中规定的元素进行分析。如果分析过程中发现其他元素，这些元素的总量（除铁外）不应超过 0.05%。

② $Cu \leq 0.05\%$

③ Nb：0.02% ~ 0.10%，N：0.02% ~ 0.07%，$Cu \leq 0.25\%$，$Al \leq 0.04\%$，$(Mn+Ni) \leq 1.40\%$。

④ Nb：0.01% ~ 0.08%，N：0.02% ~ 0.07%，$Cu \leq 0.25\%$，$Al \leq 0.04\%$。

⑤ 表中未列出的分类可用相类似的分类表示，词头加字母 G。化学成分范围不进行规定，两种分类之间不可替换。

表 7-11 熔敷金属扩散氢含量

扩散氢代号	每 100g 熔敷金属中的扩散氢含量 /mL
H5	≤ 5
H10	≤ 10
H15	≤ 15

7.3.4 药芯焊丝气体保护焊焊接工艺

1. 药芯焊丝气体保护焊焊接参数

药芯焊丝二氧化碳气体保护焊工艺与实心焊丝二氧化碳气体保护焊相似，其焊接参数主要有焊接电流、电弧电压、焊丝伸出长度、焊接速度等。

（1）焊接电流和电弧电压

在药芯焊丝气体保护焊中，焊接电流、电弧电压对熔宽、熔深的影响规律与实心焊丝基本一致。略有差别的是，焊接电流、电弧电压对熔滴过渡形式有一定影响。焊接电流与电弧电压必须恰当匹配，一般情况下，焊接电流增加，电弧电压应适当提高。

不同直径药芯焊丝二氧化碳气体保护焊常用焊接电流、电弧电压见表 7-12。药芯焊丝半自动二氧化碳气体保护焊焊接参数见表 7-13。

表 7-12 不同直径药芯焊丝二氧化碳气体保护焊常用焊接电流、电弧电压

焊丝直径 /mm	1.2	1.4	1.6
焊接电流 /A	110 ~ 350	130 ~ 400	150 ~ 450
电弧电压 /V	18 ~ 32	20 ~ 34	22 ~ 38

表 7-13 药芯焊丝半自动二氧化碳气体保护焊焊接参数

工件厚度 /mm		坡口形式及尺寸		焊接电流 /A	电弧电压 /V	气体流量 / （L/min）	备注
		坡口形式	尺寸 /mm				
3		I 形坡口对接	b = 0 ~ 1	260 ~ 270	26 ~ 27	15 ~ 16	焊一层
6				270 ~ 280	27 ~ 28	16 ~ 17	焊一层
9			b = 0 ~ 2	260 ~ 270	26 ~ 27	16 ~ 17	正面焊一层
				270 ~ 280	27 ~ 28	16 ~ 17	反面焊一层
12		Y 形坡口对接	α = 40° ~ 45°	280 ~ 300	29 ~ 31	16 ~ 18	正面焊一层
15			p = 3	270 ~ 280	27 ~ 28	16 ~ 17	正面焊一层
			b = 0 ~ 2	280 ~ 290	28 ~ 30	17 ~ 18	反面焊一层
20		双 Y 形坡口对接	α = 40° ~ 45°	300 ~ 320	30 ~ 32	18 ~ 19	正面焊一层
			p = 3，b = 0 ~ 1	310 ~ 320	31 ~ 32	17 ~ 19	反面焊一层
焊脚尺寸 /mm	6	I 形坡口、T 形接头	b = 0 ~ 2	280 ~ 290	28 ~ 30	17 ~ 18	焊一层
	9			290 ~ 310	29 ~ 31	18 ~ 19	焊两层两道
	12			280 ~ 290	28 ~ 30	17 ~ 18	焊两层三道
	15			290 ~ 310	29 ~ 31	19 ~ 20	焊两层三道

（2）焊丝伸出长度

药芯焊丝气体保护焊时，焊丝伸出长度一般为 15 ~ 25mm，焊接电流较小时，焊丝伸出长度小；焊接电流增加时，焊丝伸出长度适当增加。二氧化碳气体保护焊采用直径为 1.6mm 的药芯焊丝时，如果焊接电流在 250A 以下，则焊丝伸出长度为 15 ~ 20mm；如果焊接电流在 250A 以上，则焊丝伸出长度以 20 ~ 25mm 为宜。改变焊丝伸出长度，会对焊接工艺性能产生影响。当焊丝伸出长度过大时，熔深变浅，同时由于气体保护效果下降而易产生气孔；当焊丝伸出长度过小时，长时间焊接产生的飞溅物容易黏附在喷嘴上，扰乱保护气流，影响保护效果，这也是产生气孔的原因之一。

（3）焊接速度

药芯焊丝半自动焊时，焊接速度一般在 30 ~ 50cm/min 范围内。焊接速度过快会导致熔渣覆盖不均匀，焊缝成形质量变差；焊接速度过慢会导致熔合不良等缺陷。

2. 焊接电源

实心、药芯焊丝两用的焊机，是在实心焊丝焊机的基础上做一些改变：①增加直流正接与直流反接转换装置；②电源外特性在平特性的基础上进行微调（见图 7-12）；③调节电弧挺度，实现对熔滴过渡形式的调节，以减少飞溅，改善全位置焊接性能。

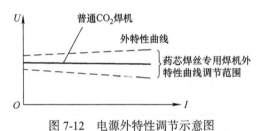

图 7-12　电源外特性调节示意图

药芯焊丝气体保护焊时，可以使用二氧化碳气体保护焊的焊接电源，其控制面板见图 6-15。

二氧化碳气体保护焊焊机在增加了极性转换装置后，可以使用自保护药芯焊丝进行焊接。增加了电源外特性微调和电弧挺度调节功能的二氧化碳气体保护焊焊机，不仅可以使用二氧化碳气体保护药芯焊丝，并且能更好地发挥药芯焊丝的优点。

3. 送丝机

药芯焊丝气体保护焊送丝机见图 7-13。药芯焊丝专用送丝机与一般实心焊丝送丝机的差别如下：

1）药芯焊丝送丝机采用单电动机两对主动轮送丝，或者双电动机两对主动轮送丝，以减小施加在药芯焊丝上的正压力。

2）上下轮均开 V 形槽，变三点受力为四点受力，以减少焊丝截面变形。

3）送丝机配有适用于焊丝直径在 1.6mm 或 1.4mm 以上的送丝轮，V 形槽内做压花处理，以提高送丝推力，改善药芯焊丝的导电性。采用以上处理措施，提高了送丝的稳定性。

图 7-13　药芯焊丝气体保护焊送丝机

中老铁路玉磨段长钢轨焊接

随着最后一根重 30 多吨、长 500 米的长钢轨顺利下线，中老铁路国内玉磨段（玉溪站至磨憨站）长钢轨焊接全部完成，为全线开通运营奠定坚实基础。

中老铁路国内玉磨段全长 508km，需要 500m 的长钢轨共 1780km，全部在昆明东郊的中国铁路昆明局集团黄龙山焊轨基地进行焊接，再由长轨运输车陆续运往现场，保证铺轨施工顺利进行。

"我们根据长钢轨特性按需'配菜'，优化焊接工艺，有效降低钢轨在不同地质环境和湿热气候条件影响下的形变量，确保每一条长钢轨质量达标，安全可靠。"中国铁路昆明局集团黄龙山焊轨基地工程师周兰平说。中老铁路长钢轨由每节长 100m 的 60N 廓形钢轨焊接而成，这种新型钢轨与机车轮对的贴合性更好，使用寿命更长，线路开通后动车开行的安全性、平稳性和舒适性更高。

中老铁路国内段自北向南翻越磨盘山、哀牢山、无量山，横跨元江、阿墨江、把边江、澜沧江，沿途地质构造复杂，全年降雨充沛，长大隧道密布，气候条件差异大，复杂的自然环境对钢轨的焊接质量和轨道的钢轨技术提出了较高的要求。

中国铁路昆明局集团黄龙山焊轨基地主动优化生产工艺流程，增加检验频次，确保电弧焊接、热处理和精打磨等 28 道工艺技术标准执行到位，使钢轨焊头各项参数全部满足设计要求。

7.4　熔化极活性气体保护焊

7.4.1　熔化极活性气体保护焊基本原理

熔化极活性气体保护焊是采用在惰性气体氩气（Ar）中加入少量氧化性气体（CO_2 或其混合气体）的混合气体作为保护气体的一种熔化极气体保护焊方法，简称为 MAG 焊，见图 7-14。由于混合气体中氩气所占比例大，又常称为富氩混合气体保护焊。现常用氩气（Ar）与 CO_2 的混合气体来焊接碳钢及低合金钢。

熔化极活性气体保护焊除了具有一般气体保护焊的特点外，与纯氩弧焊、纯 CO_2 气体保护焊相比还具有以下特点：

1. 与纯氩气保护焊相比

1）熔化极活性气体保护焊的熔池、熔滴温度比纯氩气保护焊高，电流密度大，所以熔深大，焊缝厚度大，并且焊丝熔化速度快，熔敷效率高，有利于提高焊接生产率。

2）由于熔化极活性气体保护焊具有一定的氧化性，克服了纯氩气保护焊时熔池表面张力大、液态金属黏稠、易咬边及斑点漂移等问题，同时改善了焊缝成形，由丁纯氩的指状（蘑菇）熔深成形改变为圆弧状成形，因此接头的力学性能好。

3）由于熔化极活性气体保护焊加入一定量低成本的 CO_2 气体，所以降低了焊接成本，但

CO_2 的加入提高了产生喷射过渡的临界电流，容易引起熔滴和熔池金属的氧化及合金元素的烧损。

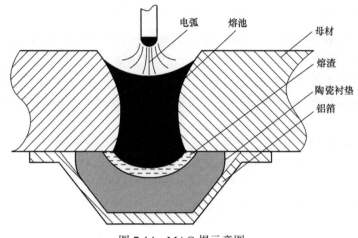

图 7-14　MAG 焊示意图

2. 与纯二氧化碳气体保护焊相比

1）由于熔化极活性气体保护焊电弧温度高，易形成喷射过渡，故电弧燃烧稳定，飞溅减少，熔敷系数提高，节省了焊接材料，提高了焊接生产率。

2）由于熔化极活性气体保护焊使用的大部分保护气体为惰性的氩气，对熔池的保护性能较好，焊缝气孔产生概率下降，使焊缝力学性能有所提高。

3）与纯 CO_2 气体保护焊相比，焊缝成形好，焊缝平缓，焊波细密、均匀美观，但经济效益方面不如 CO_2 气体保护焊，即成本比 CO_2 气体保护焊高。

7.4.2　熔化极活性气体保护焊保护气体

1. Ar + O_2

Ar + O_2 混合活性气体可用于碳钢、低合金钢以及不锈钢等高合金钢及高强钢的焊接。焊接不锈钢等高合金钢及高强钢时，氧气的含量（体积分数）应控制在 1% ~ 5%；焊接碳钢、低合金钢时，氧气的含量（体积分数）可达 20%。

2. Ar + CO_2

Ar + CO_2 混合气体既具有氩气的优点，如电弧稳定性好、飞溅小、很容易获得轴向喷射过渡等，同时又因为具有氧化性，克服了用单一氩气焊接时产生的阴极漂移现象及焊缝成形不良等问题。Ar 与 CO_2 气体的比例通常为（70% ~ 80%）/（30% ~ 20%）。这种比例既可用于喷射过渡电弧，也可用于短路过渡及滴状过渡电弧。但在用短路过渡电弧进行立焊和仰焊时，Ar 和 CO_2 的比例最好是 50%/50%，这样有利于控制熔池。现在常用 80%Ar + 20% CO_2 的混合气体来焊接碳钢及低合金钢。

3. Ar + O_2 + CO_2

Ar + O_2 + CO_2 混合活性气体可用于焊接低碳钢、低合金钢，其焊缝成形、接头质量、金属熔滴过渡和电弧稳定性都比 Ar + O_2 和 Ar + CO_2 混合气体强。

7.4.3 熔化极活性气体保护焊设备及焊接参数

1. 熔化极活性气体保护焊的设备

MAG 焊设备见图 7-15。与 CO_2 气体保护焊设备类似，它只是在 CO_2 气体保护焊设备系统中加入了氩气瓶和混合气体配比器。

MAG 焊设备的组成包括：氩气瓶、二氧化碳气瓶、干燥器、送丝小车、焊接电源、混合气体配比器、焊枪、减压流量计，见图 7-16。

为了有效地保证焊接时使用的混合气体组分配比正确、可靠和均匀，必须使用合适的混合气体配比装置。对于集中供气系统，则由整个系统的完善来保证；但对于单台焊机使用混合气体作为保护气体时，则必须使用专门的混合气体配比器。现在市场上已有瓶装的 $Ar + CO_2$ 混合气体供应，使用起来十分方便。

图 7-15 MAG 焊设备

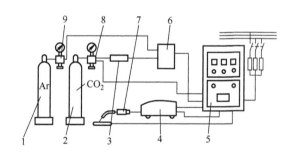

图 7-16 MAG 焊设备组成示意图

1—氩气瓶 2—二氧化碳气瓶 3—干燥器 4—送丝小车 5—焊接电源
6—混合气体配比器 7—焊枪 8、9—减压流量计

2. 熔化极活性气体保护焊的焊接参数

正确地选择焊接参数是获得高生产率和高质量焊缝的先决条件。熔化极活性气体保护焊的焊接参数主要有焊丝的选择、焊接电流、电弧电压、焊丝伸出长度、气体流量、焊接速度、电源种类极性等。

（1）焊丝的选择

熔化极活性气体保护焊时，由于保护气体有一定氧化性，所以必须使用含有 Si、Mn 等脱氧元素的焊丝。焊接低碳钢、低合金钢时常选用化学成分为 S3、S6、S10 的焊丝。

焊丝直径的选择与 CO_2 气体保护焊相同，在使用半自动焊接时，常使用 $\phi1.6mm$ 以下的焊丝进行施焊。当采用 $\phi2mm$ 以上的焊丝时，一般采用自动焊。

（2）焊接电流

焊接电流是熔化极活性气体保护焊的重要焊接参数。焊接电流的大小应根据工件的厚度、坡口形状、所采用的焊丝直径以及所需要的熔滴过渡形式来选择，见图 7-17。表 7-14 列举了熔化极活性气体保护焊平焊操作时的焊接电流值。

焊接电流的选择除参照有关经验数据外，还可通过工艺评定试验得出的焊接电流值进行调节。

（3）电弧电压

电弧电压也是关键焊接参数之一。电弧电压的高低决定了电弧长短与熔滴的过渡形式。只有当电弧电压与焊接电流有效地匹配，才能获得稳定的焊接过程。当焊接电流与电弧电压匹配良好时，电弧稳定、飞溅少、声音柔和，焊缝熔合情况良好。表 7-14 列举了熔化极活性气体保护焊平焊操作时的电弧电压值。其他位置操作时，其电弧电压和焊接电流的选择可按照平焊位置进行适当衰减调整。

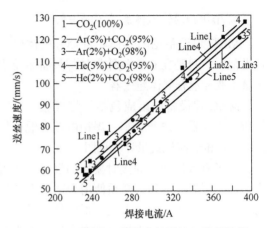

图 7-17　不同配比的熔化极活性气体保护焊

（4）焊丝伸出长度

焊丝伸出长度与 CO_2 气体保护焊基本相同，一般为焊丝直径的 10 倍左右。

（5）气体流量

气体流量也是一个重要的焊接参数。气体流量太小，起不到保护作用；气体流量太大，由于紊流的产生，保护效果也不好，而且气体消耗太大，成本会升高。一般在 $\phi1.2mm$ 以下焊丝的半自动焊时，流量为 15L/min 左右。

（6）焊接速度

半自动焊焊接速度全靠施焊者自行确定。焊接速度过快会产生很多缺陷，如未焊透、熔合情况不佳、焊道太薄，气体保护效果差，产生气孔等；但是焊接速度过慢则又可能产生焊缝过热、烧穿、成形不良、生产率太低等。因此，焊接速度应由操作者在综合考虑板厚、电弧电压及焊接电流、焊接层次、坡口形状及大小、熔合情况和施焊位置等因素后确定并适时调整。

（7）电源种类极性

熔化极活性气体保护焊与 CO_2 气体保护焊一样，为了减少飞溅，一般采用直流反接，即焊件接负极、焊枪接正极。表 7-14 列举了熔化极活性气体保护焊操作时的焊接参数值。

表 7-14　熔化极活性气体保护焊焊接参数

材质	板厚 /mm	焊接层次	焊丝直径 / mm	焊接电流（平焊时）/A	电弧电压（平焊时）/V	气体流量 /（L/min）	焊接速度 /（mm/min）
Q235A	16	打底层	1.2	95 ~ 105	18 ~ 19	15	250 ~ 300
		中间层	1.2	200 ~ 220	23 ~ 25		250 ~ 300
		盖面层	1.2	190 ~ 210	22 ~ 24		250 ~ 300
Q345（16Mn）	16	打底层	1.6	250 ~ 275	30 ~ 31	15	300 ~ 350
		中间层	1.6	325 ~ 350	34 ~ 35		300 ~ 350
		盖面层	1.6	325 ~ 350	34 ~ 35		300 ~ 350
		封底层	1.6	325 ~ 350	34 ~ 35		300 ~ 350

手执焊枪的水下"蛙人"

　　卢洪飞是山东省青岛太平洋水下科技工程有限公司的工程潜水员，他的工作需要每天负重 35kg 在深水中焊接。工程潜水对从业者的技能水平要求很高，全国持证从事水下工程焊接与切割的"蛙人"不足 150 人，卢洪飞便是其中之一。

　　工作 15 年来，卢洪飞参与的工程近百项，大多是位于城市郊区的水电工程。为了不影响居民日常用电，他们通常在半夜进行水下作业，下潜深度 10～60m 不等，水下温度最高在 10℃，最低时接近 0℃，每次下水至少连续作业 2～3h，有时也会长达 7～8h。由于体力消耗过大，潜水员每次出水都全身酸痛。卢洪飞解释说："水下环境压力较大，人体由高压回到低压环境需要进行脱饱和，一个周期大约需要 12h，脱饱和不充分，易引发减压病，因此中途不能返回船舱进行休息。"

　　焊接、切割、浇注、打钻、打捞、爆破……与陆地施工人员不同，工程潜水员并不细分工种，需要具备多种技能，也因此被业内称为"全能选手"。这其中，难度最大的要属水下焊接。

　　"我们采用的是水下湿法焊接，焊条经过防水物质浸渍，能在水下稳定燃烧。焊条燃烧会产生类似气泡的隔离层，形成相对干燥的空间，这样就可以焊接了。"卢洪飞说。陆地焊接考验的是焊接技术和工艺，而水下焊接最大的难度来自环境。

　　"水下杂质多，始终处于流动状态，焊件很难彻底清理干净，一旦焊枪停止燃烧，焊条产生的气泡就会消失，焊接面突然接触冷水易导致焊件脆化，使用寿命和韧性都会受影响。"卢洪飞告诉记者，水下低温、水流、水压、能见度低等外在因素也会给潜水员带来干扰，因此工程潜水员需要练就"盲焊"技艺。

　　2016 年，卢洪飞参与牡丹江市荒沟抽水蓄能电站水下续建工程，当时水质非常浑浊，能见度只有 5cm，所有施工都靠触摸进行。在水下"盲焊"的卢洪飞，根据运条进度和声音就能判断焊接质量。

　　"水下世界虽然艰苦，却有着难得的纯粹和安宁。"卢洪飞说，水下生物与自然和谐相处的画面经常让他陶醉。

教学单元 8

电 渣 焊

8.1 电渣焊施工工艺

8.1.1 电渣焊工作过程

电渣焊是利用电流通过液态熔渣产生的电阻热作为热源,将焊件和填充金属熔合成焊缝的垂直位置焊接方法。渣池保护熔池不被空气污染,水冷成形滑块与焊件端面构成空腔,挡住熔池和渣池,以保证熔池金属凝固成形,电渣焊过程见图 8-1。

电渣焊
工作过程

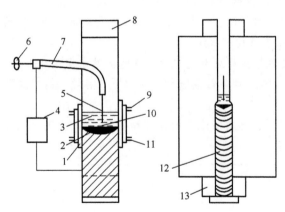

图 8-1 电渣焊过程示意图

1—水冷成形滑块 2—熔池 3—渣池 4—焊接电源 5—焊丝 6—送丝轮 7—导电杆
8—引出板 9—出水管 10—金属熔滴 11—进水管 12—焊缝 13—起焊槽

电渣焊主要通过调整焊丝的合金成分对焊缝金属的化学成分和力学性能加以控制。施焊过程不允许中断,即不能出现停电、焊丝不够等情况。

电渣焊的过程可分为以下三个阶段。

1. 引弧造渣阶段

电渣焊开始时,在电极和起焊槽(图 8-2)之间引出电弧,将不断加入的固体焊剂熔化。

在起焊槽内，两侧水冷成形滑块之间形成液态渣池。当渣池达到一定深度后，电弧会熄灭，转入正式焊接阶段。在引弧造渣阶段，电弧电压不够稳定，渣池温度不高，焊缝金属与母材熔合不好，因此焊后应将焊缝起弧部分连同起弧槽一起割除。

2. 正式焊接阶段

当电渣焊过程稳定后，焊接电流通过渣池产生的热量使熔池的温度达到 1600~2000℃。渣池将焊丝和焊件熔化，形成的金属液汇集到渣池下部，成为熔池，随着焊丝不断向渣池送进，熔池和渣池的液面高度逐渐上升，熔池下部远离热源的液态金属逐渐凝固并形成焊缝。

3. 引出阶段

在焊接结束时，焊缝金属往往容易产生缩孔和裂纹，因此，在焊件接缝的顶部设置引出板，以便将渣池和熔池引出焊件，见图 8-2。在引出阶段，应逐步降低焊接电流和焊接电压，以减少缩孔和裂纹。焊接结束后，应将焊缝的引出部分连同引出板一起割除。

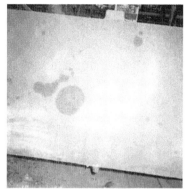

图 8-2　电渣焊起焊槽和引出板

8.1.2　电渣焊种类

根据所用的电极形状不同，电渣焊可分为丝极电渣焊、熔嘴电渣焊和板极电渣焊。

电渣焊种类

（1）丝极电渣焊

丝极电渣焊是用焊丝作为熔化电极的电渣焊，根据焊件的厚度不同可以用一根或多根焊丝焊接，见图 8-3。焊丝可以做横向摆动，此方法适用于 40mm 以上厚度焊件或较长焊缝的焊接。

（2）熔嘴电渣焊

熔嘴电渣焊的电极由固定在接头间隙中的熔嘴和送丝机构不断向熔池送进的焊丝构成，见图 8-4。随着焊件厚度的不同，熔嘴可以是单个的，也可以是多个的。熔嘴电渣焊的设备简单，操作方便，应用甚广。

管极电渣焊是熔嘴电渣焊的一种。管极为固定在接头间隙中的涂料钢管，焊丝从管极钢管不断向熔池送进，见图 8-5。因涂料有绝缘作用，故管极不会和焊件发生短路，因此可缩小装配间隙，这不仅可以节省焊接材料，而且可以提高生产率。此外，通过管极上的涂料，可适当地向焊缝中掺入合金，这对细化焊缝晶粒有一定作用。

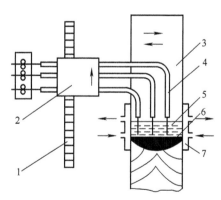

图 8-3　丝极电渣焊示意图
1—导轨　2—焊机机头　3—焊件　4—导电杆
5—渣池　6—熔池　7—水冷成形滑块

（3）板极电渣焊

板极电渣焊的电极为板状，通过送丝机构将板极不断向熔池送进，见图 8-6。板极电渣焊适用于机械工业模具钢和轧辊等的堆焊。

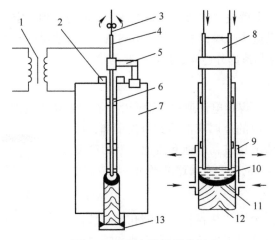

图 8-4　熔嘴电渣焊示意图

1—电源　2—引出板　3—焊丝　4—熔嘴钢管　5—熔嘴夹持机构　6—绝缘块　7—焊件　8—熔嘴钢板

9—水冷成形滑块　10—渣池　11—熔池　12—焊缝　13—起焊槽

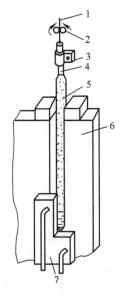

图 8-5　管极电渣焊示意图

1—焊丝　2—送丝滚轮　3—管极夹持机构　4—管极钢管

5—管极涂料　6—焊件　7—水冷成形滑块

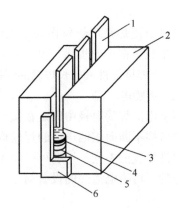

图 8-6　板极电渣焊示意图

1—板极　2—焊件　3—渣池　4—熔池

5—焊缝　6—水冷成形滑块

8.1.3　电渣焊特点及适用范围

1. 电渣焊的特点

1）生产率高。对于大厚度值的焊件，可以一次焊接成形，且不必开坡口；对于截面变化大的焊件，也可以一次焊接成形，因此，电渣焊要比电弧焊的生产率高得多。

电渣焊特点及
适用范围

2）经济效益好。电渣焊的焊接准备工作简单，大厚度焊件不需要开坡口，便可进行焊接，因而可以节约大量金属材料、节省加工时间。此外，在加热过程中，由于几乎全部电能都经渣池转换成热能，因此电能的损耗量小。

3）适合垂直位置焊接。当焊缝中心线处于垂直位置时，电渣焊形成的熔池及焊缝成形条件最好，所以电渣焊一般适合于垂直位置焊缝的焊接。

4）焊缝缺陷少。电渣焊时，渣池在整个焊接过程中总是覆盖在焊缝上面，一定深度的渣池使液态金属得到良好的保护，以避免空气的有害作用，并可对焊件进行预热，使焊缝金属缓慢冷却，使熔池中气体和杂质有充分的时间析出，所以焊缝不易出现气孔、夹渣及裂纹等缺陷。

5）焊接接头晶粒粗大，见图 8-7。这是电渣焊的主要缺点，由于电渣焊金属冶金反应过程的特点，易造成焊缝和热影响区的晶粒大，降低焊接接头的塑性和冲击韧性，但是通过焊后热处理，能够细化晶粒并满足其对力学性能的要求。

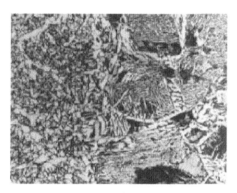

图 8-7　电渣焊焊接接头

2. 电渣焊的适用范围

电渣焊适用于厚度值大的焊件，目前可焊接的最大厚度达 300mm。焊件越厚、焊缝越长，越适合采用电渣焊。推荐采用电渣焊的焊件厚度及焊缝长度见表 8-1。

表 8-1　推荐采用电渣焊的焊件厚度及焊缝长度

焊件厚度 /mm	30 ~ 50	50 ~ 80	80 ~ 100	100 ~ 150
焊缝长度 /mm	> 1000	> 800	> 600	> 400

8.1.4　电渣焊操作工艺

1. 焊前准备

（1）熟悉设计图样

设计图样上会标注接头形式及主要尺寸。常见的接头形式有对接接头和 T 形接头。一般情况下，当钢板厚度为 50 ~ 60mm、间隙为 22 ~ 24mm 时，焊缝宽度为 25 ~ 28mm。箱形构件工艺隔板焊缝采用电渣焊示意图见图 8-8。

电渣焊
操作工艺

（2）坡口制备

电渣焊的坡口加工比较简单，钢板经热切割并清除氧化物后，即可进行焊接。

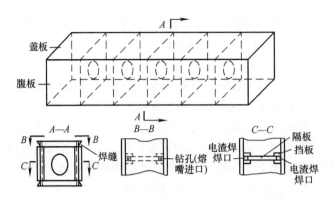

图 8-8　箱形构件工艺隔板焊缝采用电渣焊示意图

（3）焊件装配

在焊件两侧对称焊上定位板，定位板距焊件两端 200～300mm，若焊缝较长，中间应另加定位板。电渣焊后，割去定位板上与焊件连接的焊缝，定位板可反复使用。

（4）焊接工、夹具准备

包括水冷成形滑块及支撑装置的准备。

2.设备调试

1）安装熔嘴。若采用熔嘴电渣焊，则首先将熔嘴安装在装配间隙中，并固定在熔嘴夹持机构上，调节夹持机构的上下螺栓，使熔嘴处于装配间隙中心，并与两侧水冷成形滑块保持合适距离。

2）通入焊丝，检查熔嘴是否畅通。

3）检查水冷却系统。

4）设备进行空载试车。

3.焊接过程操作

（1）引弧造渣过程的操作

焊丝伸出长度以 30～40mm 为宜，太长时，焊丝易于爆断；过短时，溅起的熔渣容易堵塞熔嘴。引出电弧后，要逐渐加入熔剂，使其逐渐熔化成渣池。

应采用比正式焊接稍高的电弧电压和焊接电流，以缩短造渣时间，目的是减小下部未焊透焊缝的长度。

（2）正式焊接过程的操作

1）经常测量渣池深度，严格按照工艺进行控制，以保持稳定的电渣焊过程。

2）保持基本恒定的焊接参数，不要随便降低焊接电流和电弧电压。

3）经常调整焊丝（熔嘴），使其处于正确位置。

4）经常检查水冷成形滑块的出水温度及流量。

（3）引出过程的操作

焊接结束时，如果突然停电，则渣池温度陡降，容易产生裂纹、缩孔等缺陷。因此，在进入引出过程后，应逐渐降低电弧电压和焊接电流。

（4）焊后工作

电渣焊停止后，应立即割除定位板、起焊槽和引出板，并仔细检查焊缝上有无表面缺陷。对表面缺陷要立即用气割或碳弧气刨进行清理，并补焊。

4.焊接参数

电渣焊的焊接电流、电弧电压、渣池深度和装配间隙，直接决定电渣焊过程的稳定性、焊接接头质量、焊接生产率和焊接成本，是电渣焊的主要焊接参数。应该根据焊件板厚、焊丝直径、焊丝根数等焊接条件，并通过工艺试验确定焊接参数的选用。

在电渣焊过程中，焊接电流和送丝速度成严格的正比关系，见图 8-9。在给定工艺参数的情况下，常给出送丝速度以确定焊接电流。

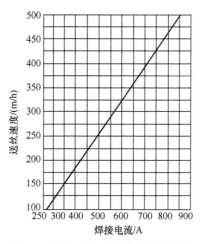

图 8-9　送丝速度和焊接电流的关系

焊接发展史

电渣焊在我国的发展史

20 世纪 40 年代后期，电渣焊由苏联巴顿电焊研究所发明。1951 年，苏联最先将电渣焊技术用于工业生产。电渣焊技术于 20 世纪 50 年代传入我国，并在五六十年代为我国工业建设做出了巨大贡献，至今在一些领域仍发挥着作用。

我国引进并推广电渣焊技术与当时的国家建设需要是分不开的。1955 年 6 月，第一机械工业部在哈尔滨工业大学召开"第一次全国焊接专业会议"，会议决议指出："机械工业的发展对焊接工作已经提出日益增长的要求。一两年来焊接的应用由修补零件和制造不重要的结构转入制造若干重要的和大型的产品。焊接工作的基础原来很差……必须努力学习与推广苏联先进经验，掌握新技术，改变焊接生产中技术水平落后的现状，才能适应国家建设的需要。"〇

1957 年初，哈尔滨锅炉厂用电渣焊技术焊接锅炉、锅筒筒体纵缝，成为我国最先引进电渣焊设备和技术的企业。

随着冶金、电力等的飞跃发展和机械工业武装自己的需要，大型铸锻件需要量变大，如果只靠少数有大型铸锻设备的企业来提供大型铸锻件是不可能的。电渣焊是一种能非常有效地"化大为小，并小成大"的新的焊接技术，也是一项能多快好省、自力更生地解决

〇　潘际銮. 中国焊接事业发展历程 [J]. 金属加工（热加工），2010（10）：6-21.

大型铸锻件不足的好办法。

随着焊接技术的发展，20世纪70年代后，电渣焊在大多数领域被窄间隙埋弧焊或气体保护焊替代。关于电渣焊技术的应用现状，章应霖指出，"在现在的技术水平下，我认为用电渣焊这种方法拼焊制造特大型铸件毛坯还是可取的，在需要的条件下，此工艺也还是制造大型碳钢构件的一种选择。此外，这种工艺的变异应用——电渣重熔是制造高性能、重要部件毛坯的重要实用手段。在这方面它具有独特的优势。"

进入21世纪，电渣焊在重大工程中仍发挥着大容忽视的作用，具体案例如下：

其一，2006年，中冶天工钢构容器分公司承担世界最大的不锈钢生产基地——太钢300万t/a不锈钢扩建工程，其中建筑钢结构的箱型梁（柱）焊接量大，其隔板要求采用熔嘴电渣焊。该公司焊接能手范绍林借鉴电渣焊的实践经验，成功地完成了这一任务。2006年，范绍林被中冶冶金科工集团评为焊接首席技师。

其二，2008年北京奥运会主会场"鸟巢"钢结构，主要采用了六种焊接方法——焊条电弧焊、埋弧焊、二氧化碳实心焊丝气体保护焊、二氧化碳药芯焊丝气体保护焊、电渣焊和栓钉焊，其中电渣焊主要用于箱形构件筋板的焊接。

其三，在钢结构工程建设过程中，箱型梁钢结构主要使用高强钢厚板，由于焊工操作空间较小，所以采用非熔嘴式电渣焊的方法，以达到高效焊接的目的。

8.2 电渣焊设备和材料

8.2.1 电渣焊设备

丝极电渣焊和板极电渣焊一般使用专用设备，可焊接60～500mm厚的对接立焊缝、60～250mm厚的T形接头和角接接头焊缝；若配合焊接滚轮架，还可焊接直径在3000mm以下、壁厚小于450mm的环缝。另外，用板极电渣焊还可焊接厚度在800mm以内的对接焊缝。

熔嘴电渣焊设备由焊接电源、送丝机构、熔嘴夹持机构及机架等组成。焊接电源可采用交流电源，电渣焊变压器的主要技术参数见表8-2，也可采用直流弧焊整流器。

表8-2 电渣焊变压器主要技术参数

型号	BP1-3×1000	额定容量/kV·A	160
一次电压/V	380	相数	3
二次电压调节范围/V	38～53.4	冷却方式	通风机（功率为1kW）
不同负载持续率时的焊接电流/A	900（100%）		
	1000（80%）	额定负载持续率（%）	80

HS-1000型电渣焊机，可按需要使用1～3根焊丝或板极进行焊接。它主要由自动焊机头、导轨、焊丝盘、控制箱等组成，并配有焊接不同焊缝形式的附加零件，焊接电源采用BP1-3×1000型焊接变压器。HS-1000型电渣焊机见图8-10。

ZH-1250 型电渣焊机的结构特点如下：

1）主电源采用晶闸管控制技术，动特性好，输出稳定，大电流焊接时，发热量少，可靠性高。

2）采用组合式送丝轮，提高了送丝轮使用寿命，且方便更换。

3）机头位置可三坐标方向调节，方便调整熔嘴位置。

4）设有熔嘴倾角微调机构，方便调整。

5）设有适合不同直径熔嘴的熔嘴夹持机构，更换熔嘴方便。

6）电动机与渣池之间有隔热装置，可防止电动机过热。

图 8-10　HS-1000 型电渣焊机

ZH-1250 型电渣焊机焊接小车结构简图见图 8-11。

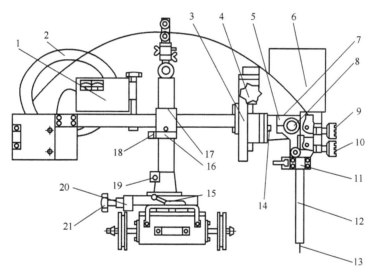

图 8-11　ZH-1250 型电渣焊机焊接小车结构简图

1—机头控制箱　2—焊丝盘　3—纵向调节机头　4—机头垂直位置　5—回转机构　6—焊剂漏斗

7—机头左右旋转螺钉　8—电动机减速调节机构　9—焊丝压紧手枪　10—焊丝矫直手枪　11—熔嘴夹紧机构

12—熔嘴　13—焊丝　14—机头侧面调节机构　15—拔叉机构　16、17—横梁锁紧机构　18—立柱回转手柄

19—焊车回转锁紧手柄　20—横向调节机构　21—机头水平调节手柄

ZH-1250 型电渣焊机的机械结构设计合理，可确保整套系统从引弧造渣到稳定焊接直至渣池引出的整个焊接过程稳定可靠地进行，操作更加灵活、方便。通过电源和机头的组合，可实现单台或多台焊机同时进行电渣焊，还可将轻便、小巧的机头安放于各种施工困难的位置。全方位的机头调节机构，可保证熔嘴与工件保持垂直状态，设备操作简单，见图 8-12。

箱形梁生产线设备 XZHB12 悬臂式电渣焊机主要用于焊接箱形梁盖板与内筋板内侧的焊缝，主要由底架、立柱、升降臂、焊枪移动体、焊枪十字调节装置、焊丝盘及导丝装置、引弧装置等组成，见图 8-13。

图 8-12　ZH-1250 型电渣焊机

图 8-13　箱形梁生产线设备 XZHB12 悬臂式电渣焊机

8.2.2　电渣焊材料

电渣焊的焊接材料包括电极、焊剂及管极涂料。其中电极又有焊丝、熔嘴、管极之分。

1. 电极

在低碳钢焊接中，常用焊丝为 H08A 和 H08MnA；在含碳量为 0.18%～0.45% 的碳钢及低合金钢焊接中，常用焊丝为 H08MnA 或 H10MnA。常用焊丝直径是 2.4mm 和 3.2mm。

管极电渣焊所用的管状焊条由管芯和涂料层（药皮）组成，见图 8-14。

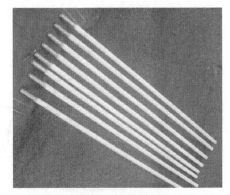
图 8-14　管状焊条

2. 焊剂

现行国家标准《埋弧焊和电渣焊用焊剂》（GB/T 36037—2018）中规定，焊剂型号按适用焊接方法、制造方法、焊剂类型和适用范围等进行划分。焊剂型号由如下四部分组成：

1）第一部分：表示焊剂适用的焊接方法，S 表示适用于埋弧焊，ES 表示适用于电渣焊。

2）第二部分：表示焊剂制造方法，F 表示熔炼焊剂，A 表示烧结焊剂，M 表示混合焊剂。

3）第三部分：表示焊剂类型代号，见表 4-15。

4）第四部分：表示焊剂适用范围代号，见表 8-3。

除以上强制分类代号外，根据供需双方协商，可在型号后一次附加如下可选代号：

1）冶金性能代号，用数字、元素符号、元素符号和数字组合等表示焊剂烧损或增加合金的程度，见表 8-4 和表 8-5。

2）电流类型代号，用字母表示，DC 表示适用于直流焊接，AC 表示适用于交流和直流焊接。

3）扩散氢代号 H×，其中 × 可为数字 2、4、5、10 或 15，分别表示每 100g 熔敷金属中扩散氢含量（单位为 mL）的最大值，见表 8-6。

例如 ESAAF2B5654DC：字母 ES 表示适用于电渣焊；A 表示焊剂制造方法为烧结型；AF 表示焊剂类型为铝氟碱型；2B 表示焊剂适用范围，见表 8-5；5654 为可选附加代号，表示冶金性能，增加或烧损 0～0.010% 的 C（均为质量分数），增加 0.1%～0.3% 的 Si，增加或烧损 0～0.5% 的 Cr，烧损 0.05%～0.10% 的 Nb；DC 为可选附加代号，表示电流类型，适用于直流焊接。

表 8-3　焊剂适用范围代号

代号[①]	适用范围
1	用于非合金钢及细晶粒钢、高强钢、热强钢和耐候钢，适合于焊接接头和 / 或堆焊 在接头焊接时，一些焊剂可应用于多道焊和单 / 双道焊
2	用于不锈钢和 / 或镍及镍合金 主要适用于接头焊接，也能用于带极堆焊
2B	用于不锈钢和 / 或镍及镍合金 主要适用于带极堆焊
3	主要用于耐磨堆焊
4	1 类 ~3 类都不适用的其他焊剂，例如铜合金用焊剂

① 由于匹配的焊丝、焊带或应用条件不同，焊剂按此划分的适用范围代号可能不止一个，在型号中应至少标出一种适用范围代号。

表 8-4　1 类适用范围焊剂的冶金性能代号

冶金性能	代号	化学成分差值（质量分数，%）	
		Si	Mn
烧损	1	—	> 0.7
	2	—	0.5~0.7
	3	—	0.3~0.5
	4	—	0.1~0.3
中性	5	0~0.1	
增加	6	0.1~0.3	
	7	0.3~0.5	
	8	0.5~0.7	
	9	> 0.7	

注：此类焊剂通常除 Mn、Si 之外不含其他合金成分，因此焊缝金属的成分结果主要受焊丝 / 焊带的成分以及冶金反应的影响。在型号中按 Si、Mn 的顺序排列其代号。

表 8-5　2 类和 2B 类适用范围焊剂的冶金性能代号

冶金性能	代号	化学成分差值（质量分数，%）			
		C	Si	Cr	Nb
烧损	1	> 0.020	> 0.7	> 2.0	> 0.20
	2	—	0.5~0.7	1.5~2.0	0.12~0.20
	3	0.010~0.020	0.3~0.5	1.0~1.5	0.10~0.15
	4	—	0.1~0.3	0.5~1.0	0.05~0.10
中性	5	0~0.010	0~0.1	0~0.5	0~0.05
增加	6	—	0.1~0.3	0.5~1.0	0.05~0.10
	7	0.010~0.020	0.3~0.5	1.0~1.5	0.10~0.15
	8	—	0.5~0.7	1.5~2.0	0.15~0.20
	9	> 0.020	> 0.7	> 2.0	> 0.20

注：该类焊剂含有合金化元素。在型号中按 C、Si、Cr 和 Nb 的顺序排列其代号，如果还添加其他合金化元素，在其后列出相应的元素符号。

表 8-6 熔敷金属扩散氢含量

扩散氢代号	每 100g 熔敷金属中的扩散氢含量 /mL
H15	≤ 15
H10	≤ 10
H5	≤ 5
H4	≤ 4
H2	≤ 2

3. 管极涂料

管状焊条外表涂有 2～3mm 厚的管极涂料。管极涂料应具有一定的绝缘性能，以防止管极钢管直接与焊件接触，且在其熔入熔池后，应能保证稳定的电渣焊过程。管极涂料配方举例见表 8-7。为了细化晶粒，提高焊缝金属的综合力学性能，在涂料中可适当加入一些锰、硅、钼、钛、钒等合金元素。

表 8-7 管极涂料配方举例

成分	锰矿粉	滑石粉	钛白粉	白云石	石英粉	萤石粉
质量分数（%）	36	21	8	2	21	12

中国建造

京张高铁张家口车站站内换焊轨一体化施工

2021 年 8 月 6 日晚，京张高铁张家口站内机械声轰鸣，火星飞溅。张家口工务段组织 50 余名职工正在进行换焊轨一体化施工作业。自 7 月 22 日开始，该工务段共利用 15 个夜间作业点换焊钢轨 900m，进一步提升了京张高铁设备质量。

当晚 23 时 30 分，施工正式开始。在负责人的指挥下，施工作业井然有序：现场防护人员迅速到位，施工人员测量作业轨温、拆除旧轨连接零件；轨道车作业人员拆除新轨捆绑加固装置，开始调试新轨；焊轨组、线路整修组人员各自做着准备工作。

随着旧钢轨移出、新轨吊运落槽，焊轨人员登场，轨端干燥、除污去锈、夹具安装、砂模安装、封箱、预热……一系列眼花缭乱的操作下来，新钢轨严丝合缝地与线路原有钢轨连在了一起。

一阵火花四溅，那是打磨人员正在对焊接好的接头进行打磨处理。一个多小时后，现场的工人们又忙碌起来，安装连接零件、整正几何尺寸、工电联调、焊缝打磨、焊缝探伤……一切结束后，已是第二日凌晨 5 时。

据悉，这样的施工作业在以前需要几个天窗点才能完成，如今该工务段通过统一协调、科学安排，压紧每道作业流程时间，已经可以保证在 360min 的天窗点内一次完成换、焊、收、探伤等作业，减少人员的反复投入，大大提高了现场作业效率。

氧气切割

氧气切割，简称气割，是利用气体火焰的能量将金属分离的一种加工方法，是生产中钢材分离的重要手段。气割技术广泛应用于建筑钢结构加工制作和生产中。

9.1 气割施工工艺

9.1.1 气割基本原理

1. 氧气切割的过程

钢材的氧气切割是利用气体燃烧的火焰将钢材表面加热到燃点，并达到活化状态，然后持续送进高纯度、高流速的切割氧，使钢材中的铁在氧气氛围中燃烧，生成氧化铁熔渣，同时释放出大量的热。这些燃烧热和熔渣不断加热钢材的下层和切口前缘，使之也达到燃点，直至工件的底部。与此同时，切割氧的气流把熔渣吹除，从而形成切口，把钢材割开，各种氧气切割见图9-1。

a) 全自动气割　　　　　　　　　b) 半自动气割　　　　　　　　　c) 手工气割

图 9-1　各种氧气切割

氧气切割过程：预热→燃烧→吹渣。其实质是铁在纯氧中的燃烧，而不是熔化。
氧气切割的原理见图9-2。

2. 气割的原理

氧气切割时，钢材铁与氧的反应有以下几种形式：

$$Fe + 0.5O_2 \longrightarrow FeO + 267kJ/mol$$

$$3Fe + 2O_2 \longrightarrow Fe_3O_4 + 1120.5kJ/mol$$

$$2Fe + 1.5O_2 \longrightarrow Fe_2O_3 + 823.4kJ/mol$$

这些反应都是放热反应，为熔化切口处钢材以及加热附近钢材提供热能。

3. 氧气切割的特点

氧气切割的优点如下：

1）气割的速度比其他机械切割的方法快，效率高。

2）机械切割方法难以切割的截面形状和厚度，采用氧气切割更加经济。

3）气割设备的投资比机械切割的投资要低，且气割设备轻便，可以用于野外作业。

4）切割小圆弧时，能迅速改变切割方向；切割大型工件时，不移动工件，只需移动气割火焰，便能迅速切割。

5）可进行手工和机械切割。

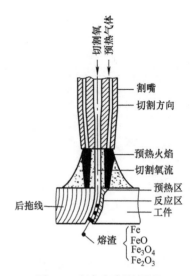

图 9-2 氧气切割的原理

氧气切割的缺点如下：

1）切割尺寸精度低。

2）在预热火焰和吹除炽热熔渣时，存在发生火灾及烧坏设备和烧伤操作工的危险。

3）切割时，由于气体的燃烧和金属的氧化，易产生有害气体和烟尘，因此需要采用合适的烟尘控制装置和通风装置。

4）切割材料受到限制，如铜、铝、不锈钢、铸铁等不能用氧气切割。

4. 氧气切割的应用

氧气切割主要应用于：

1）钢板下料，开焊接坡口中。

2）铸件浇、冒口的切割，切割厚度可达 300mm 以上。

3）各种碳钢和低合金钢的切割。在切割淬火倾向大的高碳钢和低合金钢时，为避免切口淬硬或产生裂纹，应适当加大预热火焰能率并放慢切割速度，甚至对钢材进行预热处理等。

5. 氧气切割作业安全技术

1）气割作业场所必须配备消防装置，如消防栓、灭火器、砂箱及盛满水的水桶等。

2）操作工必须学习和掌握安全操作知识，经考核合格后，才能上岗工作。

3）严格执行氧气瓶、乙炔气瓶、液化石油气瓶及各种减压器的使用规则和安全注意事项。

4）操作工在进入生产现场时，必须戴好安全帽和必要的防护用品。在 3m 以上的高空作业时，应系好安全带。

5）气割场所附近不得堆放易燃易爆物品，不可在存放易燃易爆物品的场所进行气割作业。

6）对于存储过原油、汽油或其他易燃易爆液体和气体的容器，在未进行彻底清洗之前，不得对其进行气割作业。

7）高空操作时，应看清周围环境和风向，并注意下方是否有人员和易燃物品，避免割下的余料随意坠落。

9.1.2 气割的条件及常用金属的气割性

1. 气割的条件

符合下列条件的金属才能进行氧气切割：

1）金属在氧气中的燃点应低于熔点。这是氧气切割过程能正常进行的最基本条件，否则金属在燃烧之前便已熔化，就不能完成正常的切割过程。

2）氧气切割过程产生的金属氧化物的熔点必须低于该金属本身的熔点，且液态氧化物的流动性要好，这样的氧化物能以液体状态从割缝处被割除。常用金属材料及其氧化物的熔点见表 9-1。

表 9-1 常用金属材料及其氧化物的熔点

金属材料	金属熔点 /℃	氧化物的熔点 /℃	金属材料	金属熔点 /℃	氧化物的熔点 /℃
纯铁	1535	1300～1500	铅	327	2050
低碳钢	1500	1300～1500	铝	658	2050
高碳钢	1300～1400	1300～1500	铬	1907	2435
灰铸铁	1200	1300～1500	镍	1453	1960
铜	1084	1230～1336	锌	419	1975

3）金属在切割氧射流中燃烧应该是放热反应。放热反应的结果是上层金属燃烧产生很大的热量，对下层金属起着预热作用，如气割低碳钢时，由金属燃烧所产生的热量约占 70%，而由预热火焰所供给的热量仅为 30%。否则，如果金属燃烧是吸热反应，则下层金属得不到预热，气割过程就不能进行。

4）金属的导热性不应太好，否则预热火焰和气割过程中氧化反应析出的热量会传递、散失，使气割不能开始或中途停止。

5）金属中会阻碍气割过程和提高钢的淬透性的杂质要少。

由于低碳钢、低合金钢能满足上述 5 个条件，所以能顺利进行氧气切割；铸铁、高铬钢、铬镍钢、铜、铝及其合金因不符合气割条件，均采用等离子弧切割。

2. 常用金属的气割性

1）低碳钢和低合金钢能满足氧气切割的条件，所以能很顺利地进行气割。钢的气割性能与含碳量有关，随着钢的含碳量增加，熔点降低，燃点升高，其气割性能将变差。

2）铸铁不能用氧气切割，原因是它在氧气中的燃点比熔点高很多，且氧化反应会产生高熔点的二氧化硅（SiO_2），氧化物的黏度也很大，流动性又差，切割氧射流不能把它吹除。此外由于铸铁中含碳量高，碳燃烧后产生的一氧化碳和二氧化碳会降低切割氧射流的纯度，进而降低氧化效果，使气割难以发生。

3）高铬钢和铬镍钢会产生高熔点的三氧化一铬和氧化镍，覆盖在金属的割缝表面，阻碍下一层金属燃烧，也使气割难以发生。

4）铜、铝及其合金燃点比熔点高，导热性好，加之铝在割制过程中产生高熔点的三氧化二铝，而铜产生的氧化物放出的热量较低，都使气割难以发生。

目前，铸铁、高铬钢、铬镍钢、铜、铝及其合金均采用等离子弧切割。

9.1.3 预热火焰

1. 预热火焰的作用

预热火焰在氧气切割中起着至关重要的作用：

1）加热作用。

2）清理被切割金属的表面，使氧化皮、锈等剥离、熔化。

3）维持切割氧射流的流速，增加切割氧射流的有效长度。

4）减轻切割氧射流受杂质污染的程度。

2. 氧乙炔预热火焰

常用的预热火焰为氧乙炔焰。当氧和乙炔混合气从割嘴的预热孔喷出并燃烧时，会显示出几个可以明确区分的燃烧区域。

根据氧气和乙炔气体混合比例的不同，氧乙炔焰可分为以下三种：

（1）中性焰

氧气与乙炔混合比例为 1.0～1.2 时，燃烧所形成的火焰称为中性焰，见图 9-3a。结构分为焰芯、内焰和外焰三部分。焰芯呈尖锥形，色白而明亮，轮廓清楚。内焰呈蓝白色，轮廓不清，与外焰没有明显界限。外焰由内向外从淡紫色逐渐变为橙黄色。

（2）碳化焰

氧气与乙炔混合比例小于 1.0 时，燃烧所形成的火焰称为碳化焰，见图 9-3b。过量的乙炔分解为碳和氢。碳会渗入到熔池中造成焊缝碳含量增加，所以称其为碳化焰。结构也分为焰芯、内焰和外焰三部分。焰芯呈白色，外围略带蓝色，内焰呈淡白色，外焰呈橙黄色。

（3）氧化焰

氧气与乙炔混合比例大于 1.2 时，燃烧所形成的火焰称为氧化焰，见图 9-3c。结构分为焰芯和外焰两部分。焰芯短而尖，呈青白色。外面稍带紫色的为外焰。

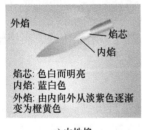
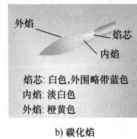
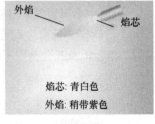

a) 中性焰　　　　　　　　　b) 碳化焰　　　　　　　　　c) 氧化焰

图 9-3　氧乙炔焰

氧与乙炔完全燃烧的整个化学反应式为

$$C_2H_2 + 2.5O_2 \longrightarrow 2CO_2 + H_2O + 1303kJ/mol$$

燃烧分两个阶段：

第一阶段的反应为

$$C_2H_2 + O_2 \longrightarrow 2CO + H_2 + 450kJ/mol$$

第一阶段反应来源于割炬内供给的氧与乙炔的有效混合和燃烧，形成焰芯，在焰芯的尖端温度最高。

第二阶段的反应为

$$2CO + H_2 + 1.5O_2 \longrightarrow 2CO_2 + H_2O + 853kJ/mol$$

第二阶段反应来源于焰芯未完全燃烧的产物和火焰周围空气供给的氧发生的燃烧，这个燃烧区分布在焰芯的周围。

由此可见，气割应在空气流通的场合进行，严禁在狭小又密闭的空间中操作。

3. 氧液化石油气预热火焰

施工单位有时采用氧液化石油气火焰作为预热火焰，见图9-4。

液化石油气是油田开采或工业炼油中的副产品，它在常温下呈气态，主要成分是丙烷（C_3H_8），占50%～80%，还有丁烷（C_4H_{10}），以及少量丙烯（C_3H_6）和丁烯（C_4H_8），为碳氢化合物组成的混合物。

液化石油气在0.8～1.5MPa压力下会变为液体，便于瓶装贮存运输。

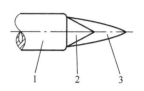

图9-4　氧液化石油气火焰
1—喷嘴　2—焰芯　3—火焰

液化石油气与氧气混合燃烧的火焰温度为2200～2800℃，稍低于氧乙炔火焰。

丙烷完全燃烧的整个化学反应式为

$$C_3H_8 + 5O_2 \longrightarrow 3CO_2 + 4H_2O + 530.38kJ/mol$$

燃烧分两个阶段：

第一阶段的反应为

$$C_3H_8 + 1.5O_2 \longrightarrow 3CO + 4H_2$$

第一阶段的反应来源于氧气瓶中氧与液化石油气瓶中丙烷的有效混合和燃烧，形成焰芯，并产生中间产物 CO 和 H_2。

第二阶段的反应来源于中间产物与火焰周围空气中供给的氧发生的燃烧，形成外焰。第二阶段的反应为

$$3CO + 4H_2 + 3.5O_2 \longrightarrow 3CO_2 + 4H_2O$$

同样，丁烷完全燃烧的整个化学反应式为

$$C_4H_{10} + 6.5O_2 \longrightarrow 4CO_2 + 5H_2O + 687.94kJ/mol$$

第一阶段的反应为

$$C_4H_{10} + 2O_2 \longrightarrow 4CO + 5H_2$$

第二阶段的反应为

$$4CO + 5H_2 + 4.5O_2 \longrightarrow 4CO_2 + 5H_2O$$

从丙烷和丁烷的第一阶段燃烧反应可以看出，1份丙烷需要从氧气瓶供给1.5份氧；1份丁烷需要2份氧。所以在氧液化石油气预热火焰调节时，若是中性焰，则氧气与液化石油气的体积比是1.7∶1，实际操作中，氧的比例还要高一些。

4. 预热火焰能率

预热火焰能率是以每小时燃烧气体的消耗量来表示的。预热火焰能率应根据工件厚度来选择，一般工件越厚，火焰能率应越大。但火焰能率过大时，会使割缝上缘产生连续珠状钢

粒，甚至熔化成圆角，同时造成工件背面的粘渣增多，进而影响气割质量；当火焰能率过小时，工件得不到足够的热量，迫使气割速度减慢，甚至使气割过程难以发生，这在厚板气割时更应当注意。

9.1.4　气割工艺参数

气割工艺参数主要包括气割氧压力、气割速度、割嘴与工件的倾斜角、割嘴离工件表面的距离等。

（1）气割氧压力

气割氧压力主要根据工件厚度来选用。工件越厚，要求气割氧压力越大。但氧气压力过大时，不仅会造成浪费，而且使割口表面粗糙，割缝加大；氧气压力过小时，不能将熔渣全部从割缝处吹除，使割缝的背面留下很难清除干净的挂渣，甚至会出现割不透的现象。钢板厚度与气割速度、氧气压力的关系见表9-2。

表 9-2　钢板厚度与气割速度、氧气压力的关系

钢板厚度 /mm	气割速度 /（mm/min）	氧气压力 /MPa	钢板厚度 /mm	气割速度 /（mm/min）	氧气压力 /MPa
4	450 ~ 500	0.2	25	240 ~ 270	0.425
5	400 ~ 450	0.3	30	210 ~ 250	0.45
10	340 ~ 450	0.35	40	180 ~ 230	0.45
15	300 ~ 375	0.375	60	160 ~ 200	0.5
20	260 ~ 350	0.4	80	150 ~ 180	0.6

氧气纯度对气割速度、气体消耗量及割缝质量有很大影响。氧气的纯度低，金属氧化缓慢，使气割时间增加，而且气割单位长度工件的氧气消耗量也会增加。例如在氧气纯度为97.5% ~ 99.5%时，每降低1%，1m长割缝的气割时间会增加10% ~ 15%，而氧气消耗量会增加25% ~ 35%。

（2）气割速度

气割速度与工件厚度和使用的割嘴形状有关，工件越厚，气割速度越慢；反之工件越薄，气割速度越快。气割速度太慢，会使割缝边缘熔化；气割速度过快，则会产生很大的后拖量（沟纹倾斜）或割不穿。气割速度的正确与否，主要根据割缝后拖量来判断，应以割缝产生的后拖量最小为原则。后拖量是指切割面上切割氧射流轨迹的始点与终点在水平方向的距离，见图9-5。气割速度见表9-2。

气割时产生后拖量的原因主要有四个：①气割时，上层金属燃烧所产生的气体降低了切割氧气的纯度，使下层金属燃烧缓慢而产生后拖量；②下层金属无预热火焰的直接预热作用，火焰不能充分对下层金属加热，使工件下层不能剧烈燃烧而产生后拖量；③工件离割嘴距离较大时，切割氧射流吹除氧化物的能力降低而产生后拖量；④气割速度过快时，下层金属来不及氧化，进而产生后拖量。

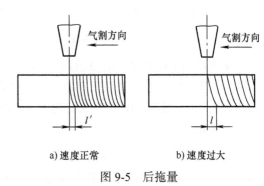

图 9-5　后拖量

（3）割嘴与工件的倾斜角

割嘴与工件的倾斜角度会直接影响气割速度和后拖量，见图 9-6。当割嘴沿气割相反方向倾斜一定角度（后倾）时，能将氧化、燃烧产生的熔渣吹向切割线的前缘，这样可充分利用燃烧产生的热量来减少后拖量，进而提高气割速度。进行直线气割时，应充分利用这一特性。割嘴与工件倾斜角的大小，主要根据工件厚度而定。割嘴与工件倾斜角的大小可参考表 9-3 选择。

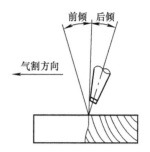

图 9-6　割嘴与工件的倾斜角

表 9-3　割嘴与工件的倾斜角和工件厚度的关系

工件厚度 /mm	< 6	6 ~ 30	> 30		
			气割开始	割穿后	停割
倾斜角方向	后倾	垂直	前倾	垂直	后倾
倾斜角角度	25° ~ 45°	0°	5° ~ 10°	0°	5° ~ 10°

（4）割嘴离工件表面的距离

割嘴离工件表面的距离应根据预热火焰长度和工件厚度来确定，一般为 3 ~ 5mm。因为这样的加热条件好，切割面渗碳的可能性最小。当工件厚度小于 20mm 时，火焰可长一些，距离可适当加大；当工件厚度大于或等于 20mm 时，由于气割速度放慢，火焰应短一些，距离应适当减小。

9.1.5　回火

在气割工作中有时会发生气体火焰进入割嘴内逆向燃烧的现象，这种现象称为回火。回火会导致爆炸，在使用气割设备时，严禁出现回火现象。

回火有两种形式：回烧和逆火。回烧是火焰向割嘴逆行，并继续在气体混合室和管路中燃烧的现象。逆火是火焰向割嘴逆行，并瞬时自行熄灭的现象，同时伴有爆鸣声。

产生回火现象的根本原因如下：

1）混合气体从割炬的喷射孔内喷出的速度小于混合气体的燃烧速度。

2）输送气体的软管太长、太细或者曲折太多，会使气体在软管内流动时所受的阻力增大，降低了气体的流速。

3）气割时间过长或者割嘴离焊件太近，致使割嘴温度升高，割炬内的气体压力增大，增大了混合气体的流动阻力，降低了气体的流速。

4）割嘴端面黏附了过多飞溅出来的熔化金属颗粒，这些颗粒阻塞了喷射孔，使混合气体不能畅通地喷出。

5）输送气体的软管内壁或割炬内部的气体通道上黏附了固态碳颗粒或其他物质。

9.1.6　气割操作工艺

1. 气割设备检查与气源开启

首先检查氧气瓶、燃料气瓶（乙炔气瓶或液化石油气瓶）、减压器、输气胶管及接头、割炬、割嘴是否属于正常状态；然后把减压器的调压手柄置于放松状态，关闭气路；最后分别打开氧气瓶和燃料气瓶的瓶顶阀门，观察高压表指针读数，了解瓶内贮存气量的情况。

2. 钢板清理与划线

首先将钢板切割区打扫干净，不得堆放易燃易爆物品；然后对钢板表面进行清理，除去锈污、杂物；再划出切割线，确定切割位置；最后将钢板垫起一定高度，让火焰、熔渣有流动空间，防止飞溅伤人。

3. 安全防护

穿戴护目镜、工作服和防护鞋。

4. 选择预热火焰

先调节氧气与燃料气体的比例，选用中性焰为预热火焰。再根据钢板厚度选用合适的预热火焰能率，火焰能率过大时会出现以下问题：①割口上边缘熔塌；②切割面表面质量变差；③割口下缘粘渣。火焰能率过小时会出现以下问题：①气割速度减慢，且易发生切割中断现象；②易发生回火；③后拖量增大。

5. 工艺参数的选用

根据气割工件的厚度，选定合适的割嘴型号。再根据割嘴型号和气割设备的使用说明书选定合适的切割氧压力。注意割嘴高度，即割嘴离钢板的距离，一般为 10~15mm，若高度过低，割口上缘会发生熔塌，割嘴易被飞溅颗粒黏附，甚至引起回火；高度过大时，热量损失增加，切割氧射流因扩展而变粗，使后拖量和割口宽度增大。

确定合适的气割速度，当切割面质量要求较高时，气割速度应减慢；当要求一般时，气割速度要稍快。确定合适的割嘴倾斜角，一般情况下，割嘴垂直于钢板，但有时为了提高切割效率，割嘴可稍向后倾斜一些。

6. 特殊条件切割

各种型式的坡口、薄板、厚板、叠板、圆棒、钢管、型钢等一些比较特殊的工件的气割，应根据实物，并结合生产经验精心实施。

9.2　气割设备和工具

9.2.1　氧气和氧气瓶

1. 氧气

氧气无色、透明、无臭无味。工业用氧气的纯度达到 99.5% 时为一级纯度，达到 98% 时为二级纯度。氧气瓶用来存储及运输压缩的氧气。氧气瓶外形见图 9-7a，主要技术参数见表 9-4。氧气瓶外表应涂成天蓝色，并用黑漆标以"氧气"字样。

2. 氧气瓶

工业用氧气瓶是用优质碳钢或低合金钢冲压成的圆柱形无缝容器，头部装有氧气瓶阀并配有瓶帽，瓶体上须装两道橡胶防振圈。

氧气瓶阀按其结构可分为活瓣式和隔膜式，见图 9-8。隔膜式气密性较好，但使用寿命较短。阀体一般用黄铜或青铜制造，所用的密封材料应是不燃和不含油脂的。

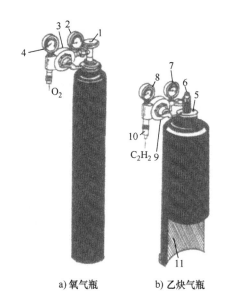

a) 氧气瓶   b) 乙炔气瓶

图 9-7 氧气瓶和乙炔气瓶

1—氧气瓶阀 2—氧气瓶压力表 3—氧减压器 4—氧工作压力表 5—易熔阀 6—阀帽 7—乙炔瓶压力表
8—乙炔工作压力表 9—乙炔减压器 10—干式回火防止器 11—含有丙酮的多孔性物质

表 9-4 氧气瓶的主要技术参数

名义装气量 /m³	外形尺寸 /mm		内容积（水容量）/L	气瓶质量 /kg	瓶阀型号
	外径	高度			
5.5		1250	36	53	
6.0	219	1370	40	57	QF-2 通阀
6.5		1480	44	60	
7.0		1570	47	63	

注：最常用的氧气瓶是内容积为 40L 的钢瓶，装满状态下氧气瓶质量为 76kg，瓶内公称压力为 14.71MPa。

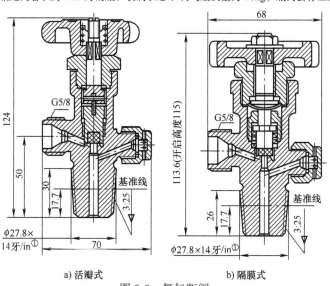

a) 活瓣式   b) 隔膜式

图 9-8 氧气瓶阀

注：$\phi27.8 \times 14$ 牙 /in 是标准圆锥螺纹

183

建筑钢结构焊接

当一个工位需耗用大量氧气或者需要向多个工位供气时，通常采用汇流排，即将数瓶乃至数十瓶氧气连接起来以增大供气量。在国内外的某些大型金属结构厂，会自建制氧车间，通过管道供气至各工位。

氧化反应具有放热的性质，在反应进行时会放出大量的热量。若增高氧的压力和温度，会使氧化反应显著加快。在一定条件下，随着物质氧化得越来越多和氧化过程温度的增高，放出的热量变多，氧气被压缩或加热可能会使氧化过程加速进行。当压缩的气态氧与矿物油、油脂或细微分散的可燃物质接触时，能够发生自燃，时常成为火灾或爆炸的原因。因此当使用氧气时，尤其是压缩状态下，必须时刻注意，不要使它和易燃物质相接触。

3. 氧气瓶搬运和使用安全

1）氧气瓶用的瓶阀要彻底除去油类，油脂可用四氯化碳清洗。

2）禁止把氧气瓶和溶解乙炔瓶或其他可燃气体瓶放在一起或同车运输。

3）运送时应将气瓶沿同一方向卧放码齐，并加以固定，避免瓶体相互碰撞或受到剧烈振动。

4）禁止从车上或高处直接滚下气瓶，或在地面上滚动气瓶。

5）禁止带压拧动瓶阀螺杆或猛击减压器的调节螺钉等方法来处理泄漏的气瓶。

6）使用时应尽可能把气瓶垂直放置并用支架固定，防止气瓶倾倒。

7）夏天应防止气瓶受阳光暴晒，露天使用时应设临时棚罩遮蔽。另外，还应防止气瓶直接受高温热源辐射，以免瓶内气体膨胀而发生爆炸。

8）氧气瓶与易燃物品或其他明火点的距离一般不小于10m，当环境条件不允许时，应保证不小于5m，并须加强防护。

9）气瓶中的氧气不允许全部用完，当气瓶剩余压力为0.1~0.2MPa时便不能再使用。

10）气瓶必须装上瓶帽和防振橡胶圈。在集中储存氧气瓶的地方不许明火作业和吸烟。

11）氧气瓶在使用过程中应按《气瓶安全监察规程》的规定，定期进行各项检验。过期未检验的气瓶不准继续使用。

9.2.2 乙炔和乙炔气瓶

1. 乙炔气瓶

乙炔气瓶是存储及运输溶解乙炔的特殊钢瓶，乙炔钢瓶的外表应涂白色，并漆有"乙炔"红色字样，见图9-9。

乙炔气瓶内气体严禁全部用完，当环境温度为15~25℃时，气瓶剩余压力不得低于0.05MPa。

为了保证施工的安全，在钢板气割中宜采用瓶装乙炔。在乙炔需用量大或者用瓶装乙炔向管道输气的场合，可以用汇流排的方式将数瓶乃至数十瓶乙炔连接起来供气。乙炔汇流排可以使用与氧气汇流排相同的结构和连接方式。

如果气体中含有氧气，则该气体与乙炔的混

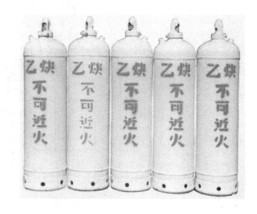

图9-9　乙炔气瓶

合气会提高乙炔的爆炸性，乙炔与空气或纯氧的混合气，如果其中任何一种达到了自燃温度，即使在标准大气压力下也能爆炸。

含有 2.2% ~ 81% 乙炔的乙炔 - 空气混合气均属爆炸范围。其中，乙炔含量为 7% ~ 13% 时最危险。含有 2.8% ~ 93.0% 乙炔的乙炔 - 氧气混合气也属爆炸范围。其中，乙炔含量约为 30% 时最危险。

把乙炔溶解在液体丙酮里，能降低乙炔的爆炸性，这是由于乙炔分子之间被液体微粒隔离。

在瓶内填满多孔性物质，在多孔性物质中浸渍丙酮，丙酮用来溶解乙炔。多孔性物质的作用是防止气体的爆炸及加速乙炔溶解于丙酮的过程。多孔性物质上有大量小孔，小孔内存在丙酮和乙炔。因此，当瓶内某处乙炔发生爆炸性分解时，多孔性物质就可阻止爆炸蔓延到全部位置。多孔性物质是轻且坚固的惰性物质，使用时不易损耗，并且遇到撞击、推动及振动钢瓶时不致沉落下去。多孔性物质以往均采用打碎的小块活性炭，现在有的改用以硅藻土、石灰、石棉等为主要成分的混合物，在泥浆状态下填入钢瓶，进行水热反应，使其固化、干燥而制得硅酸钙多孔性物质。空隙率要求达到 90% ~ 92%。

在 1 个标准大气压和 15℃ 温度时，在 1L 丙酮（CH_3COCH_3）中能溶解 23L 的乙炔。但是随着温度的升高，其溶解度将降低，当温度达到 40℃ 时，1L 丙酮只能溶解 13L 的乙炔。气瓶受热时，乙炔 - 丙酮溶液的体积会变大。

如果把气瓶的全部容积充满液体，那么在受热时，气瓶中的压力会急剧升高，以致发生危险。丙酮中混有水分是特别有害的，水分留存在气瓶里，就会在瓶内逐渐集中，可能使气瓶的气体容量大幅降低，所以充入气瓶的乙炔应预先经过干燥处理。

气瓶中气体的压力必须适应于周围环境的温度。

生产溶解乙炔需要专门的车间，并附带设备与气瓶，向瓶中充气也需要额外费用，因而价格比较贵，但是溶解乙炔与直接在施工现场采用轻便式乙炔发生器所得到的气态乙炔相比，具有许多本质上的优点。主要优点如下：

1）瓶装溶解乙炔的纯度高，其中不含水，有害杂质含量也较小。

2）气体的压力高，能保证割炬工作稳定，当割嘴受热猛烈而供气距离相当远时，能保证混合气的成分不变。

2. 乙炔气瓶的运输安全

1）应轻装、轻卸，严禁抛、滑、滚、碰乙炔气瓶。

2）车、船运输时应妥善固定。汽车装运时，如卧放，则不得超过车厢挡板高度，且头部应朝同一方向；直立排放时，车厢挡板高度不得低于瓶高的三分之二。

3）夏季运输要有遮阳设施，防止暴晒，炎热地区应避免白天运输。

4）车上禁止烟火，并应配备干粉或二氧化碳灭火器，严禁用四氯化碳灭火器。

5）严禁与氯气瓶、氧气瓶和易燃物品同车运输。

6）严格遵守危险品运输条例及有关规定。

3. 乙炔气瓶的贮存安全

1）当贮存乙炔气瓶超过 5 瓶，但不超过 20 瓶时，应在现场或车间内用不可燃烧或难燃烧墙体隔成单独的贮存间；超过 20 瓶时应设置乙炔气瓶库。乙炔气瓶库的设计和建造应符合现行国家标准《建筑设计防火规范》（GB 50016—2014）的有关规定。

2）贮存间与明火或火花散发点之间的距离不得小于 15m，且要有良好的通风降温措施，并避免阳光直射，在其附近应设有消火栓和干粉或二氧化碳灭火器，严禁使用四氯化碳灭火器。

3）贮存乙炔气瓶时，一般要保持直立状态，并应有防倾倒措施。

4）严禁与氯气瓶、氧气瓶及其他易燃品同间贮存。

5）贮存间应设专人管理，并在醒目的部位设置"乙炔危险""严禁烟火"标志。

4. 乙炔气瓶的使用安全

1）必须配装专用减压器和回火防止器。开启时操作者应站在阀门侧后方。放气压力不得超过 0.15MPa，输气体积流量不应超过 1.5m³/h。

2）气瓶应直立放置，防止其倾倒，严禁卧放使用。卧放的气瓶竖起后需待 20min 后方可输气。

3）气瓶要放置在通风良好的场所，不得靠近热源和电气设备，与明火的距离一般不小于 10m，与氧气瓶不要太靠近。

4）夏季要防止暴晒。瓶阀在冬季冻结时，严禁用火烘烤，应使用 40℃以下的温水解冻。

5）现场吊装搬运时，应使用专用夹具和防振的运输车，不得用链绳或钢丝绳吊装搬运。

6）瓶内气体不得用尽，应根据气温保持一定的余压。

【小贴士】乙炔气瓶为什么必须直立存放呢？

乙炔气瓶装有填料和溶剂（丙酮），卧放使用时，丙酮易随乙炔气流出，不仅增加丙酮的消耗量，还会降低燃烧温度而影响使用，同时会发生回火而引发乙炔气瓶爆炸事故。

乙炔气瓶卧放时，易滚动，瓶与瓶、瓶与其他物体易发生撞击，形成激发源，导致乙炔气瓶爆炸事故的发生。

乙炔气瓶配有防振胶圈，其目的是防止其在装卸、运输、使用中相互碰撞。胶圈是绝缘材料，卧放即等于将乙炔气瓶放在绝缘体上，致使气瓶上产生的静电不能向大地扩散，聚集在瓶体上，易产生静电火花，当有乙炔气泄漏时，极易造成燃烧和爆炸事故。

乙炔气瓶瓶阀上装有减压器、回火防止器，并连接有胶管，因卧放时易滚动，滚动易损坏减压器、回火防止器或拉脱胶管，造成乙炔气向外泄漏，导致燃烧、爆炸。

9.2.3　丙烷和丙烷气瓶

1. 丙烷

丙烷是无色气体，纯丙烷无臭味。熔点为 −187.6℃，沸点为 −42.1℃。微溶于水，溶于乙醚、乙醇。丙烷气瓶为红褐色，并漆有"丙烷"的白色字样，见图 9-10。

丙烷是易燃、易爆气体，引燃温度为 450℃，它与空气、氧气及其他有氧化性的蒸汽可形成爆炸性混合物，爆炸浓度为 2.1%～9.5%。与氟、氯等接触会发生剧烈的化学反应。加压气体、钢瓶或容器遇明火、高热易超压，有爆炸危险。丙烷气体比空气重，能在低凹处流动和滞

图 9-10　丙烷气瓶

存，很容易达到爆炸浓度，遇火源会燃烧回火爆炸。如果发生丙烷引起的火灾，则需要切断气源。若不能切断气源，则不允许熄灭泄漏处的火焰。应喷水冷却容器，尽量将容器从火场移至空旷处，用雾状水、泡沫、二氧化碳、干粉灭火。

2. 丙烷气瓶操作处置注意事项

设备与管路要密封良好，现场应有良好通风。操作人员穿防静电工作服，必须经过专门培训，持证上岗，严格遵守操作规程和相关法规。工作场所严禁吸烟，应使用无火花工具，应使用防爆电器、通风、照明及其他设备。防止气体泄漏。在传输过程中，钢瓶和容器必须接地和跨接，防止产生静电。配置燃气报警器。搬运时应轻装、轻卸，严禁碰撞，防止钢瓶及其附件破损。应配备相应品种和数量的消防器材及泄漏应急处理设备。

3. 丙烷气瓶贮存注意事项

丙烷气瓶应远离火种、热源，避免阳光直射，在通风良好处贮存。禁止与氧化剂、卤素共同贮存。电器及通风设施应采用防爆型。搬运时应轻装、轻卸，严禁碰撞，防止钢瓶及其附件破损。必须使用无火花工具。贮存场所要有防火防爆技术措施。露天贮存气瓶时，夏季要有降温措施。应配备相应品种和数量的消防器材及泄漏应急处理设备。验收时要注意品名，注意验瓶日期，先进仓的先发用。

4. 丙烷气瓶的运输安全

运输车辆应有警示标识，并备有灭火器材，尾气排放口应设置阻火装置。夏季应在早晚运输，防止日光暴晒。按规定路线行驶，中途尽量减少停留时间，停留时应远离火种、热源。严禁与氧化剂、卤素等混运。

9.2.4 减压器

减压器又称为压力调节器，它是将气瓶内的高压气体降为工作时的低压气体，并显示瓶内高压气体压力和减压后工作压力的装置。

1. 减压器的作用及分类

减压器的作用是将气瓶内的高压气体（如氧气瓶内的氧气压力最高达 15MPa，乙炔瓶内的乙炔压力最高达 5MPa）降为工作时所需的压力（氧气的工作压力一般为 0.1～0.4MPa，乙炔的工作压力最高不超过 0.15MPa），并保持工作时压力稳定。

减压器按用途不同可分为氧气减压器、乙炔减压器、丙烷减压器等；按构造不同可分为单级式和双级式两类；按工作原理不同可分为正作用式和反作用式两类。目前常用的是单级反作用式减压器。

2. 氧气减压器

单级反作用式氧气减压器的构造及工作原理见图 9-11。

当减压器在非工作状态时，调压手柄向外旋出，调压弹簧处于松弛状态，使活门被活门弹簧压下，关闭通道，由气瓶流入高压室的高压气体不能从高压室流入低压室。

当减压器工作时，调压手柄向内旋入，调压弹簧受压缩而产生向上的压力，并通过弹性薄膜将活门顶开，高压气体从高压室流入低压室。气体从高压室流入低压室时，由于体积膨胀而使压力降低，起到了减压作用。

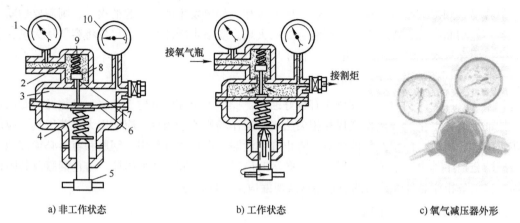

a) 非工作状态　　　　　　b) 工作状态　　　　　c) 氧气减压器外形

图 9-11　单级反作用式氧气减压器的构造及工作原理

1—高压表　2—高压室　3—低压室　4—调压弹簧　5—调压手柄　6—弹性薄膜

7—通道　8—活门　9—活门弹簧　10—低压表

气体流入低压室后，对弹性薄膜产生了向下的压力，并传递到活门，影响活门的开启。当低压室的气体输出量降低而压力升高时，活门的开启度缩小，减少了流入低压室的气体，使低压室内气体压力不会增高。同样，当低压室的气体输出量增加而压力降低时，活门的开启度增大，流入低压室的气体增多，使低压室内气体压力增高。这种自动调节作用，使低压室内气体的压力稳定地保持着工作压力，这就是减压器的稳压作用。

3. 乙炔减压器

乙炔瓶用减压器的构造、工作原理和使用方法与氧气减压器基本相同，所不同的是乙炔减压器与乙炔瓶的连接是靠紧固螺钉把减压器进气口压紧到瓶阀的出气口上，以防漏气。带夹环的乙炔减压器见图 9-12。

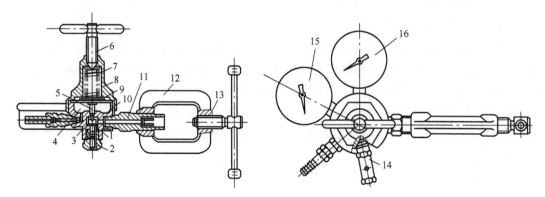

图 9-12　带夹环的乙炔减压器

1—高压室　2—副弹簧　3—减压活门　4—低压室　5—活门顶杆　6—调压螺栓　7—调压弹簧　8—罩壳

9—弹性薄膜　10—本体　11—过滤接头　12—夹环　13—紧固螺栓　14—安全阀　15—低压表　16—高压表

4. 丙烷减压器

丙烷减压器的作用也是将气瓶内的压力降至工作压力和稳定输出压力，保证供气量均匀。

丙烷减压器也可以直接用作液化石油气减压器。如果用乙炔瓶灌装丙烷，则可使用乙炔减压器。

5. 减压器常见故障及排除方法

减压器常见故障及排除方法见表9-5。

表 9-5　减压器常见故障及排除方法

故障特征	可能产生原因	排除方法
减压器连接部分漏气	1）螺钉配合松动 2）垫圈损坏	1）压紧螺钉 2）更换垫圈
安全阀漏气	活门填料与弹簧产生变形	更换活门填料或调整弹簧
减压器罩壳漏气	弹性薄膜装置中薄膜片损坏	更换薄膜片
调节螺钉已旋松，但低压表读数有缓慢上升的自流现象	1）减压活门或活门座上有污物 2）减压活门或活门座有损坏 3）副弹簧损坏	1）去除污物 2）更换减压活门或活门座 3）更换副弹簧
减压器使用时压力下降过大	减压活门密封不良或有堵塞	去除或调换密封填料
工作过程中，发现供气不足或压力表指针有较大摆动	1）减压活门产生冻结 2）氧气瓶阀开启不足	1）用热水或蒸汽加热解冻 2）加大瓶阀开启程度
高、低压表指针不回到零值	压力表损坏	修理或更换压力表

9.2.5　割炬

1. 割炬的作用和原理

割炬的作用是将可燃气体与氧气以一定比例和方式混合后，形成具有一定能量和形状的预热火焰，并在预热火焰的中心喷射切割氧进行气割。

割炬的原理是：气割时，先开启预热氧气调节阀和乙炔调节阀，点火产生环形预热火焰对工件进行预热，待工件预热至燃点时，即开启切割氧调节阀，高速切割氧射流经割嘴的中心孔喷出，进行气割，见图9-13。

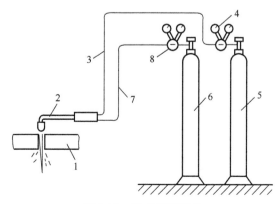

图 9-13　手工气割设备

1—工件　2—割炬　3—氧气管　4—氧气减压器　5—氧气瓶　6—乙炔瓶　7—乙炔气管　8—乙炔减压器

2. 割炬的型号

割炬的型号见图 9-14。大写字母 G 代表割炬；第一个数字表示操作方式，0 表示手工式割炬；第二个数字表示割炬的结构形式，1 表示射吸式割炬，2 表示等压式割炬；短横线后面的数字代表规格，即气割的最大厚度，单位是 mm。如 G01-30 代表射吸式手工割炬，最大切割厚度是 30mm。

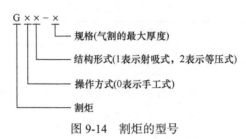

图 9-14　割炬的型号

3. 割炬的分类

割炬按可燃气体与氧气混合的方式不同可分为射吸式割炬和等压式割炬两种，其中射吸式割炬应用最为普遍；按可燃气体种类不同有乙炔割炬和液化石油气割炬等。

4. 射吸式割炬

射吸式割炬是为使用低压乙炔（≤ 7kPa）而设计的，射吸式割炬外形见图 9-15。射吸装置结构见图 9-16。压力较高的预热氧从引射器喷嘴喷入射吸管的混合室，使喷嘴周围形成一定程度的真空，于是把乙炔吸入混合室，并利用扩压作用，降低氧和乙炔的流速，使两者混合，形成燃气混合物，再经预热气体混匀管进一步混匀后，流入喷嘴的预热气体通道，这一射吸装置也适用于中压乙炔，故射吸式割炬仍一直被沿用。它的缺点是结构较复杂，容易产生回火。G01 型氧乙炔射吸式手工割炬的主要技术参数见表 9-6，标准型氧乙炔射吸式手工割炬构造见图 9-17。

图 9-15　射吸式割炬外形

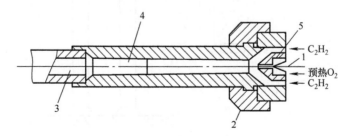

图 9-16　射吸装置结构

1—预热氧针阀　2—连接螺母　3—预热气体混匀管　4—混合室　5—引射器喷嘴

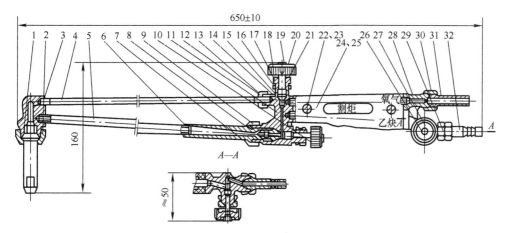

图 9-17   标准型氧乙炔射吸式手工割炬构造

1—割嘴 2—割嘴螺母 3—割嘴接头 4—高压氧气管 5—混合气管 6—射吸管 7—射吸管螺母 8—氧气针阀

9—喷嘴 10、18、27—手轮 11—主体 12—高压氧气管螺母 13—橡胶密封圈 14—手把管

15—阀杆 16—防松螺母 17—密封螺母 19—密封圈 20—O 形密封圈 21—垫圈

22、23—手工螺钉、螺母 24、25—手柄 26—手轮螺母 28——后体 29—氧气螺母

30—乙炔螺母 31—氧气接头 32—乙炔接头

表 9-6   G01 型氧乙炔射吸式手工割炬的主要技术参数

型号	G01-30	G01-100	G01-300
切割低碳钢厚度范围 /mm	2 ~ 30	10 ~ 100	100 ~ 300
乙炔工作压力 /kPa	$\geqslant 10$		
氧气工作压力 /kPa	200 ~ 300	300 ~ 500	500 ~ 1000
配用割嘴（环形或梅花形）数 / 个	3	3	4
割炬总长 /mm	500	550	650
质量 /kg	1.05	1.36	1.605

使用 G01 型氧乙炔射吸式手工割炬时，应当注意以下几点：

1）由于割炬内有高压氧气，要注意各部分及接头的紧密性，以防漏气。

2）要保证割嘴的环形孔和高压喷孔同心。

3）要保证孔壁光滑，严禁割嘴触及硬物，而使喷孔变形。

5. 等压式割炬

等压式割炬是指燃气借其本身的压力，并和预热氧分别经各自的输气管输送到割嘴内的一种割炬，即燃气压力需与预热氧压力相当，因此要求应用中压乙炔。这类割炬结构简单，预热火焰燃烧稳定，回火现象比射吸式少。G02 型等压式手工割炬外形见图 9-18，构造见图 9-19，切割氧阀门采用手压式，操作性好，也有利于提高气割质量。

图 9-18   G02 型等压式手工割炬外形

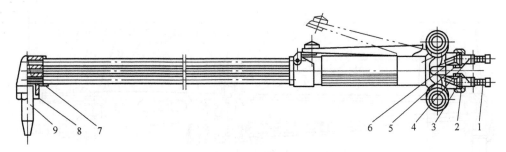

图 9-19　G02 型氧乙炔等压式手工割炬构造

1—乙炔软管接头　2—乙炔螺母　3—乙炔接头螺纹　4—氧气软管接头　5—氧气螺母

6—氧气接头螺纹　7—割嘴接头　8—割嘴螺母　9—割嘴

等压式氧乙炔手工割炬的型号和主要技术参数见表 9-7。

表 9-7　等压式氧乙炔手工割炬的型号和主要技术参数

型号	配用割嘴数	切割氧孔径 /mm	可切割厚度 /mm	气体压力 /MPa	
				氧气	乙炔
G02-100	5	0.8～1.6	5～100	0.25～0.6	0.025～0.1
G02-300	9	0.7～3.0	5～300	0.20～1.0	0.025～0.09
G02-500	3	3.0～4.0	250～500	1.2～2.0	0.05～0.1
FEG-100	4	0.8～2.0	5～120	0.2～0.5	0.03～0.04
FEG-250	4	2.0～3.2	90～250	0.4～0.6	0.04～0.05

6. 割炬的安全使用

1）使用射吸式割炬时，在装乙炔胶管之前，要先检查割炬的射吸力。方法是只接上氧气胶管，打开割炬上的乙炔阀和氧气阀，将手指放在割炬的乙炔进气口处，如感到有吸力，则表明射吸力良好。然后检查乙炔胶管中有无乙炔气正常流出，再把乙炔胶管装到割炬上。

2）割炬点火前，应检查其连接处和各气阀是否漏气。

3）在氧气阀和乙炔阀都开启后，禁止用手或其他物件堵住割嘴，以免氧气倒流入乙炔供气系统而造成回火。

4）点火时先开乙炔，点着后再打开氧气阀调节火焰。这样，一旦发现回火迹象，可立即关闭氧气阀，将火熄灭。其缺点是开始时火焰产生黑烟。若先略微打开氧气阀，再打开乙炔阀，然后点火，可避免产生黑烟。但在使用射吸式割炬的场合，如割炬有泄漏或割嘴端部受堵时，很容易发生回火。

5）点火时应把割嘴朝外偏下，以免点火后火焰伤及工人身体。点火应使用专用点火枪或引火绳，不可用烟蒂点火。使用射吸式割炬时，手应握在胶木把手上，不可握在混合管上，以免一旦回火烫伤手。

6）不准将点燃的割炬随意放在工件上或地上。

7）一旦发生回火，应立即关闭燃气阀，再关氧气阀。待回火停止后，松开减压器，查明回火原因后才可重新点火。点火前要把胶管和割炬混合室内烟灰吹除，并把割嘴放入水中冷却。

8）气割完成熄火时，射吸式割炬应先关闭切割氧，再关闭燃气阀门，最后关闭预热氧气阀门。等压式割炬可先关闭切割氧，然后关闭预热氧气阀门。

9）割炬暂不使用时，不可将其放在坑道、地沟内或者工件下面，也不可锁在工具箱内，以免因气阀不严泄漏出乙炔，在这些空间积聚燃气 - 空气混合气，遇火星易发生爆炸。

10）每天工作结束，应把减压器和割炬拆下，并将气瓶、气路等阀门关闭。

9.2.6　割嘴

割嘴是气割的重要工具，对气割的质量和效率有很大影响。割嘴的类型很多，但手工气割用的割嘴多数为直筒形割嘴。割嘴中心为切割氧孔，直筒形；四周预热气孔有环形孔、梅花形孔、齿槽式孔及单孔等，在实际生产中，前两种应用较多。

1. 射吸式普通割嘴

这种割嘴通常配用射吸式割炬，用于手工气割，其特征是割嘴头部与割炬连接座的配合锥度为 45°。

（1）氧乙炔射吸式割嘴

常用的氧乙炔射吸式割嘴的预热孔形式有环形和梅花形两种。另有两种专用割嘴——阶梯形和分列式割嘴，它们只有单个预热孔。

环形预热孔割嘴由内嘴和外嘴两个零件组合而成，故也称为组合式割嘴。梅花形预热孔割嘴的预热孔道和切割氧孔道在同一割嘴体中，也称为整体式氧乙炔射吸式割嘴。图 9-20 所示为氧乙炔射吸式割嘴。这种割嘴按割炬型号编号。表 9-8 为氧乙炔射吸式割嘴的主要技术参数。

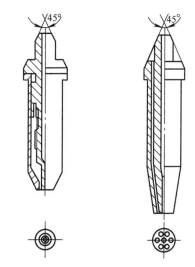

a）环形预热孔割嘴　　b）梅花形预热孔割嘴

图 9-20　氧乙炔射吸式割嘴

表 9-8　氧乙炔射吸式割嘴的主要技术参数

割嘴号码		切割氧孔径 /mm	可切割厚度 /mm	氧气压力 /MPa	气体耗量 /（m³/h）		配用割炬型号
					氧气	乙炔	
30 型	1	0.6	3～10	0.2	0.8	0.21	G01-30
	2	0.8	10～20	0.25	1.14	0.24	
	3	1.0	20～30	0.3	2.2	0.31	
100 型	1	1.0	10～25	0.2	2.2～2.7	0.35～0.40	G01-100
	2	1.3	25～30	0.35	3.5～4.2	0.40～0.50	
	3	1.6	30～100	0.49	5.5～7.3	0.50～0.61	

（2）氧液化石油气射吸式割嘴

这种割嘴的结构与氧乙炔割嘴不同，这是由于液化石油气的燃烧速度慢、耗氧量大、火焰粗大且温度低、加热不集中。因此，氧液化石油气割嘴都采用组合式结构和齿槽式预热孔，见

图 9-21。这种割嘴的火焰燃烧稳定、集中、温度也较高，起割前的预热时间接近氧乙炔焰。氧液化石油气射吸式割嘴的切割能力与氧乙炔割嘴基本相同，只是切割速度略慢。

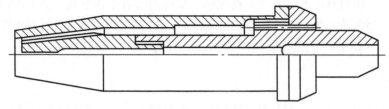

图 9-21　氧液化石油气射吸式割嘴

2. 等压式割嘴

这种割嘴的预热氧和燃气分别从顶端进气孔流入预热气孔道内混合，形成预热混合气，即嘴内混合式，适用于燃气压力大于 10kPa 的场合。与射吸式割嘴相比，因混合室直径小，不易发生回火，故在机械式和自动化气割设备中都使用等压式割嘴。这种割嘴的顶部有 3 个肩部，与割炬座的配合锥度为 30°。

（1）氧乙炔等压式割嘴

这种割嘴一般都是整体式梅花形，预热孔为 6 个。图 9-22所示为氧乙炔等压式割嘴，既适用于手工气割，也适用于机械气割。表 9-9 为 G02 型等压式氧乙炔割嘴的切割能力与参数。

（2）氧液化石油气等压式割嘴

与氧液化石油气射吸式割嘴一样，也是组合式、齿槽形结构，见图 9-23。其齿形和齿槽数、内喷嘴的锥度、外套内壁锥度及内嘴的内缩量都与射吸式相同。所不同的是割嘴顶端肩部配合面的加工精度要求高。这种割嘴的外表面一般镀铬，以提高其使用寿命。

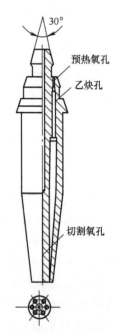

图 9-22　氧乙炔等压式割嘴

表 9-9　G02 型等压式氧乙炔割嘴的切割能力与参数

割嘴号码	切割板厚 /mm	气体压力 /MPa		气体耗量		切割速度 /（mm/min）
		氧气	乙炔	氧气 /（m³/h）	乙炔 /（L/h）	
1	5～15	0.03	0.03	2.5～3.0	350～400	450～500
2	15～30	0.35	0.03	3.5～4.5	450～500	350～450
3	30～50	0.45	0.03	5.5～6.5	450～500	250～350
4	50～100	0.59	0.05	9.0～11.0	500～600	230～250
5	100～150	0.69	0.05	10.0～13.0	500～600	200～230
6	150～200	0.78	0.05	13.0～16.0	600～700	170～200
7	200～250	0.88	0.05	16.0～23.0	800～900	150～170
8	250～300	0.98	0.05	25.0～30.0	900～1000	90～150

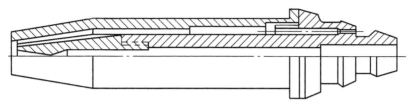

图 9-23　氧液化石油气等压式割嘴

9.2.7　气割机

气割机是代替手工割炬进行气割的机械化设备。它比手工割炬的生产率高，割口质量好，劳动强度和成本都较低。近年来，由于计算机技术的发展，数控气割机也得到了广泛应用。

1. 半自动气割机

半自动气割机是最简单的机械化气割设备，一般是一台小车带动割嘴在专用轨道上移动，但轨道轨迹要人工调整。当轨道是直线时，割嘴可以进行直线气割；当轨道是有一定曲率的曲线时，割嘴可以进行一定曲率的曲线气割。

CG1-30 型半自动气割机是目前常用的半自动气割机，见图 9-24。它结构简单，操作方便，能气割直线或圆弧。CG1-30 型半自动气割机的主要技术参数见表 9-10。

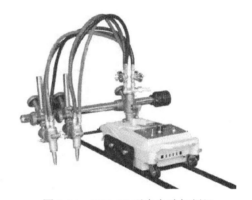

图 9-24　CG1-30 型半自动气割机

表 9-10　CG1-30 型半自动气割机的主要技术参数

电源电压 /V	电动机功率 /W	气割钢板厚度 /mm	割圆直径 /mm	气割速度 /（mm/min）	割嘴数目 /个	外形尺寸 /mm（长×宽×高）	质量 /kg
220	24	5～60	200～2000	50～750	1～3	370×230×240	17

2. 仿形气割机

仿形气割机是一种高效率的半自动气割机，可方便又精确地气割出各种形状的零件。仿形气割机有两种类型：门架式和摇臂式。其工作原理主要是靠轮沿样板仿形带动割嘴运动，而靠轮又有磁性靠轮和非磁性靠轮两种。

CG2-150 型仿形气割机见图 9-25。CG2-150 型仿形气割机的主要技术参数见表 9-11。

3. 数控气割机

数控指用于控制机床或设备的工作指令，是以数字形式给定的一种新的控制方式。将这种指令提供给数控气割机的控制装置时，气割机就能按照给定的程序，自动地进行气割。

数控气割机不仅可省去放样、划线等工序，使操作工劳动强度大大降低，而且切口质量好，生产率高，因此广泛应用于钢结构的加工、生产、制作中，见图 9-26。

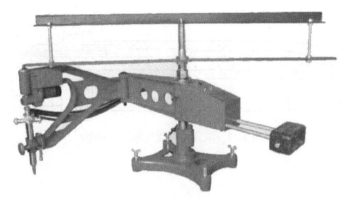

图 9-25　CG2-150 型仿形气割机

表 9-11　CG2-150 型仿形气割机的主要技术参数

气割钢板厚度 /mm	气割速度 /（mm/min）	气割精度 /mm	气割正方形尺寸 /mm	气割长方形尺寸 /mm	气割直线长度 /mm	割圆直径 /mm	外形尺寸 /mm（长 × 宽 × 高）	质量 /kg
5 ~ 60	50 ~ 750	± 0.5	500 × 500	900 × 400 750 × 450	1200	200 ~ 2000	190 × 335 × 800	35

图 9-26　数控气割机

数控气割机主要由数控程序和气割执行机构两大部分组成。气割执行机构采用门式结构，门架可在两根导轨上行走。门架上装有横移小车，各装有一个割炬架，在割炬架上装有割炬自动升降传感器，可自动调节高低，同时还装有高频自动点火装置。预热氧、切割氧及燃气管路的开关由电磁阀控制，并且对预热、打开切割氧等操作按程序任意调节延迟时间。

9.2.8　氧气胶管和乙炔胶管

氧气胶管和乙炔胶管应符合现行国家标准《气体焊接设备　焊接、切割和类似作业用橡胶软管》（GB/T 2550—2016）的规定。

一般软管应包含：最小厚度为 1.5mm 的橡胶内衬层；采用适当工艺铺放的增强层；最小厚度为 1.0mm 的橡胶外覆层。

焊剂燃气软管是输送焊剂燃气的软管，应包含：最小厚度为 1.5mm、带有最大厚度为 0.5mm 的塑料衬里的橡胶内衬层；采用适当工艺铺放的增强层；最小厚度为 1.0mm 的橡胶外覆层。

并联软管是沿纵向并列连接在一起的两根标准的橡胶软管，并联软管的每根软管结构应符合一般软管和焊剂燃气软管的规定，两根软管应在挤出和（或）硫化过程中沿纵向并联，并应能无损坏分离以保证装配接头。

内衬层和外覆层厚度均匀，无气孔、砂眼和其他缺陷。

软管的内径尺寸和公差应符合表 9-12 中的规定。

表 9-12　公称内径、内径、公差和同心度　　　　　　（单位：mm）

公称内径	内径	公差	同心度（最大）
4	4		
4.8	4.8		
5	5	± 0.40	
6.3	6.3		
7.1	7.1		1
8	8		
9.5	9.5	± 0.50	
10	10		
12.5	12.5		
16	16		
20	20	± 0.60	
25	25		1.25
32	32	± 1.0	
40	40	± 1.25	1.50
50	50		

注：对于中间的尺寸，数字宜从 R20 优先数系中选取（见 GB/T 321），公差按表中相邻较大内径规格的公差计。

当按照 GB/T 528 的规定进行试验时，内衬层和外覆层材料的拉伸强度和拉断伸长率应不小于表 9-13 中的值。

表 9-13　拉伸强度和拉断伸长率

胶层	拉伸强度 /MPa	拉断伸长率（%）
橡胶内衬层	5	200
外覆层	7	250
塑料衬里	5	120

当在室温下按照 GB/T 5563 的规定进行试验时，软管静液压应符合表 9-14 的要求。

为了标识软管所适用的气体，软管外覆层应按表 9-15 的规定进行着色和标志。对于并联软管，每根软管单独进行着色和标志。

表 9-14 静液压要求

额定值	乙炔软管（所有尺寸）	轻型（公称直径 ≤ 6.3mm）	中型（所有尺寸）
最大工作压力 /MPa	0.3	1	2
验证压力 /MPa	0.6	2	4
最小爆破压力 /MPa	0.9	3	6
在最大工作压力下长度变化	± 5%		
在最大工作压力下直径变化	± 10%		

表 9-15 软管颜色和气体标识

气体	外覆层颜色和标志
气体和其他可燃性气体[①]（除 LPG）、MPS、天然气、甲烷外）	红色
氧气	蓝色
空气、氮、氩气、二氧化碳	黑色
液化石油气（LPG）和甲基乙炔 = 丙二烯混合物（MPS）、天然气、甲烷	橙色
除焊剂燃气外（本表中包括的）所有燃气	红色 / 橙色
焊剂燃气	红色 - 焊剂

① 关于软管对氢气的适用性，应咨询制造商。

橡胶软管的安全使用如下：

1）燃气、氧气软管必须选用符合国家标准的橡胶管。

2）胶管局部损坏，则应切除破损部分或更换新胶管，以防泄漏气体发生事故。

3）应防止胶管在工作中沾上油脂或接触红热金属。

胶管在装运和使用过程中，难免会有一些操作造成胶管的细微损坏，胶管的装运和保养应注意如下事项。

装运：

1）由于胶管的耐压能力不同，在运输的过程中尽量不要在胶管上面放置较重的东西，以免压坏胶管。

2）千万不要将胶管与碱、酸、油类及有机溶剂、易燃易爆物品混放。

3）胶管产品不应与带有尖刃的货物直接接触，以防胶管管体损伤。

4）在搬运过程中，应该轻拿轻放，忌拖拽胶管，以免造成磨损。

保养：

1）对长期使用的胶管要定期检查。建议每周检查一次老化程度及表皮磨损、接头的磨损程度。

2）胶管表面清洁工作。每日清洁胶管表面的生产材料，以保持干净，重点清除胶管表面有腐蚀性的材料。

3）当胶管经常和摩擦性表面接触时，要用保护性衬套，以减小摩擦系数，增加使用寿命，防止老化。

4）已经使用过的胶管，长时间不用时要将管内流通的材料清理干净，然后通入介质封闭保存。

5）储存胶管时不要将胶管放置在室外，否则会因为日照等其他原因造成污染及胶管老化。

6）由于胶管属于一次成型，不建议维修，当发现胶管出现破损时应立即更换，以避免造成人员伤害及意外事件。

9.3　气割质量评定

9.3.1　气割质量要求

气割质量要求是切口窄、割纹浅、平面度好。根据现行机械行业标准《热切割　质量和几何技术规范》（JB/T 10045—2017）中的有关规定，可进行热切割的材料，其割缝表面质量用垂直度和斜度公差、平均割纹深度进行描述。

（1）垂直度和斜度公差

垂直度和斜度公差见表 9-16 和图 9-27。

表 9-16　垂直度和斜度公差

等级	垂直度和斜度公差
1	0.05mm+0.003a
2	0.15mm+0.007a
3	0.4mm+0.01a
4	0.8mm+0.02a
5	1.2mm+0.035a

注：a 为工件厚度。

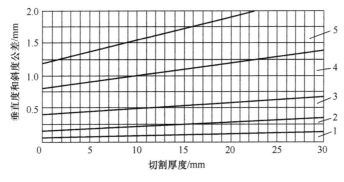

a) 垂直度和斜度公差(工件厚度小于或等于30mm)

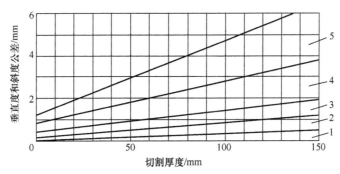

b) 垂直度和斜度公差(工件厚度小于或等于150mm)

图 9-27　垂直度和斜度公差

注：1 至 5 级范围见表 9-16。

（2）平均割纹深度

平均割纹深度见表 9-17 和图 9-28。

表 9-17　平均割纹深度

等级	平均割纹深度
1	$10\mu m + 0.6a \times 10^{-3}$
2	$40\mu m + 0.8a \times 10^{-3}$
3	$70\mu m + 1.2a \times 10^{-3}$
4	$110\mu m + 1.8a \times 10^{-3}$

注：a 为工件厚度。

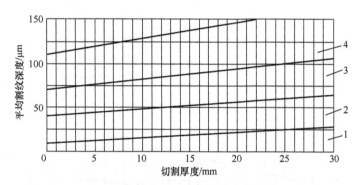

a) 平均割纹深度(工件厚度小于或等于30mm)

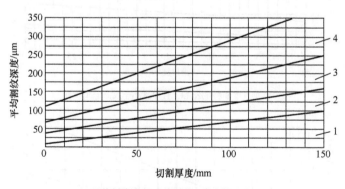

b) 平均割纹深度(工件厚度小于或等于150mm)

图 9-28　平均割纹深度

注：1 至 4 级范围见表 9-17。

　　焊工进行手工气割时，应采取合理的气割工艺，选用合适的气割参数，精心操作，才可获得优良的气割质量。

9.3.2 气割质量缺陷

1. 切割面质量缺陷

（1）上边缘的棱角被熔化（图 9-29）

产生的原因和排除方法如下：

1）预热火焰能率过大：应该把火焰调小些，或更换为小一号割嘴。

2）气割速度过慢：要加快气割速度。

3）割嘴位置偏低：应该将割嘴提高到正确的距离。

（2）熔渣黏结、气流吹不掉熔渣（图 9-30 和图 9-31）

产生的原因是氧气压力过低，应该适当加大氧气压力，冬季需要检查减压器是否被冻住。

图 9-29 上边缘的棱角被熔化

图 9-30 熔渣黏结

图 9-31 气流吹不掉熔渣

（3）下缘挂渣严重，不易脱落（图 9-32）

产生的原因和排除方法如下：

1）氧气纯度太低：应该换用纯度较高的氧气。

2）氧气压力过低、气割速度过快、预热火焰过大：要对氧气压力、火焰大小、割嘴大小及气割速度等因素进行试验，采用合理的工艺参数。

（4）应力过大，工件产生变形（图 9-33）

产生的原因和排除方法如下：

1）气割速度过慢、预热火焰能率过大：应该对气割速度和预热火焰能率做综合考虑，采用合理的工艺参数。

2）割嘴号码过大：应该更换为较小的割嘴。

3）气割先后顺序不合理：应该采取正确的气割顺序。

（5）工件产生裂纹（图 9-34）

产生的原因是工件含碳量偏高、工件太厚，排除方法是应将工件预热到250℃后再进行气割，对特殊材质的工件切割后还要进行退火处理。

（6）切割面表面形状不好、表面纹路粗糙（图 9-35）

产生的原因和排除方法如下：

1）氧气压力过高：应该适当降低氧气压力。

图 9-32　下缘挂渣严重，不易脱落

图 9-33　应力过大，工件产生变形

2）气割速度不稳定或过快：要降低气割速度，使割嘴匀速移动。

3）设备精度不高：要及时检修。

4）预热火焰能率过小：要加大预热火焰能率，氧气纯度偏低时则要更换为纯度高的氧气。

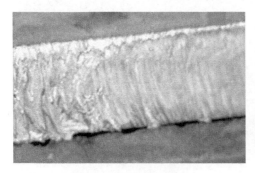

图 9-34　工件产生裂纹

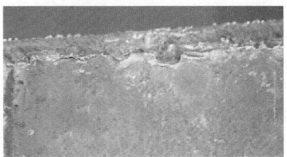

图 9-35　切割面表面形状不好、表面纹路粗糙

（7）表面出现沟槽（图 9-36）

产生的原因和排除方法如下：

1）回火和灭火后重新气割：要防止回火和灭火。

2）检查割嘴是否离工件太近，割嘴是否旋紧，工件表面是否清洁，切口下部平台是否阻碍熔渣吹除。

3）割嘴和工件发生振动：要排除周围环境的干扰。

（8）下部出现深沟（图 9-37）

产生的原因是气割速度过慢，排除方法是应该加快气割速度。

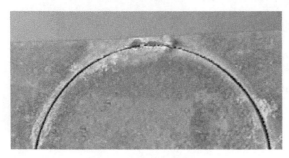

图 9-36　表面出现沟槽

图 9-37　下部出现深沟

（9）割不透而再次气割（图 9-38）

产生的原因和排除方法如下：

1）预热火焰能率不足：要检查氧气和乙炔的压力；查看气体软管、割炬管道和喷孔有无堵塞或漏气；然后重新调整预热火焰。

2）气割速度过快：应该降低气割速度。

3）材料缺陷：查明材料内夹层或气孔的所在位置和分布，试从相反方向重新气割。

4）钢材表面不清洁：要清除铁锈等污物。

（10）表面纹路的后拖量过大（图 9-39）

产生的原因和排除方法如下：

1）气割速度过快：要放慢气割速度。

2）割嘴倾角不大：要适当增加割嘴的后倾角度。

3）预热火焰能率不足：要适当加大预热火焰能率。

 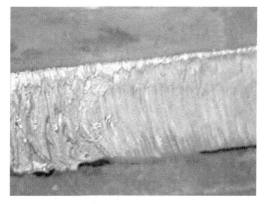

图 9-38　割不透而再次气割　　　　　　图 9-39　表面纹路的后拖量过大

2. 割缝质量缺陷

（1）割缝位置不准、直线割缝不直（图 9-40）

产生的原因和排除方法如下：

1）钢板放置不平：需要对气割平台加以检查，重新把钢板放平。

2）钢板变形：要把钢板重新矫平，消除变形。

3）锋线不正：要查看割嘴是否垂直和旋紧，喷孔是否畅通。

4）手握割炬不稳定：要采用直线导板或改用半自动气割机。

5）半自动气割机轨道不直：要定期对轨道进行校验。

6）导板或轨道对线不准：一定要对准预先画好的气割线。

（2）曲线割缝位置偏离（图 9-41）

产生的原因和排除方法如下：

1）割炬不稳定：手工割圆要应用圆规。

2）设备精度不高：应找出设备上影响精度的具体原因并排除。

3）手工技术不熟练：使用半自动气割机时，需要事先进行培训，掌握熟练技巧后才能正式操作。

图 9-40　直线割缝不直

图 9-41　曲线割缝位置偏离

（3）割缝断面形状不好、割缝过宽（图 9-42）

产生的原因和排除方法如下：

1）氧气压力过高：应该按工艺规范重新调整氧气压力。

2）割嘴号码大：换小号割嘴。

3）气割速度慢：应该加快气割速度。

4）气割氧射流过粗：应该用通针修正割嘴内孔。

（4）厚板割缝中部凹形太大（图 9-43）

产生的原因和排除方法如下：

1）气割速度过快：应该放慢气割速度。

2）气割速度不稳定：应该设法保持稳定的气割速度。

图 9-42　割缝断面形状不好

图 9-43　厚板割缝中部凹形太大

（5）厚板割缝下部呈喇叭形（图 9-44）

产生的原因和排除方法如下：

1）气割速度过慢：要加快气割速度。

2）锋线不好：用通针修正割嘴使锋线恢复成挺直、细长，且具有冲力。

（6）割缝被熔渣黏在一起（图 9-45）

产生的原因和排除方法如下：

1）氧气压力过低：应该增大氧气压力。

2）锋线太短：用通针检查割嘴喷孔的光洁程度。

3）气割薄工件时，速度过慢：应该加快气割速度。

4）气割薄工件时，预热火焰能率过大：应该降低预热火焰能率。

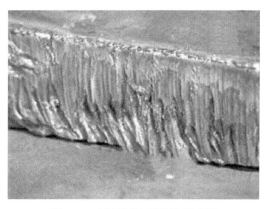

图 9-44　厚板割缝下部呈喇叭形

图 9-45　割缝被熔渣黏在一起

（7）割缝表面碳化现象严重（图 9-46）

产生的原因和排除方法如下：

1）氧气纯度偏低：换用纯度较高的氧气。

2）预热火焰不合适：要调整预热火焰，避免用碳化焰对工件进行预热。

3）割嘴离工件太近：应该将割嘴适当抬高。

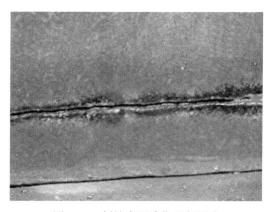

图 9-46　割缝表面碳化现象严重

教学单元 10

碳 弧 气 刨

10.1 碳弧气刨施工工艺

10.1.1 碳弧气刨基本原理

碳弧气刨是利用碳棒与工件之间产生的电弧热将金属熔化，同时用压缩空气将这些熔化金属吹掉，从而在工件上刨削出沟槽的一种热加工工艺。其工作原理见图 10-1。

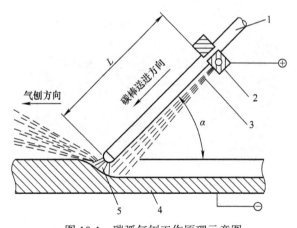

图 10-1 碳弧气刨工作原理示意图

1—碳棒 2—气刨枪夹头 3—压缩空气 4—工件 5—电弧

L—碳棒外伸长 α—碳棒与工件的夹角

1. 碳弧气刨的特点

1）碳弧气刨与风铲或砂轮加工沟槽相比，效率高，噪声小，空间位置的可操作性强，劳动强度低。

2）碳弧气刨与气割的原理完全不一样，故而不仅适用于低合金钢的气刨与切割，而且适用于高合金钢、非铁金属及其合金的气刨与切割。

3）在清除焊缝或铸件缺陷时，在电弧下可清楚地观察到缺陷的形状和深度，有利于缺陷的根除，且刨削面光洁铮亮。

4）采用自动碳弧气刨时，刨槽的精度高、稳定性好，刨槽平滑均匀，刨削速度可达手工刨削速度的五倍，而且碳棒消耗量也少。

5）碳弧气刨时烟雾较大、噪声较大、粉尘污染和弧光辐射严重，操作不当易引起槽道增碳，焊后焊缝中易产生气孔和裂纹。

2. 碳弧气刨的应用范围

1）利用碳弧气刨进行焊缝清根（刨槽），见图 10-2。

2）利用碳弧气刨开坡口，尤其是 U 形坡口，见图 10-2。

3）返修焊件时，可使用碳弧气刨消除焊缝缺陷，见图 10-3。

4）清除铸件表面的飞边、毛刺、冒口和铸件中的缺陷，见图 10-4。

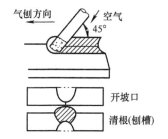
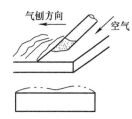

图 10-2　利用碳弧气刨开坡口和清根　　　图 10-3　消除焊缝缺陷　　　图 10-4　清除铸件表面的缺陷

5）切割中、薄不锈钢板，见图 10-5。

6）在板材工件上打孔，见图 10-6。

7）刨削焊缝表面的余高，见图 10-7。

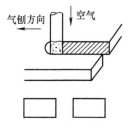
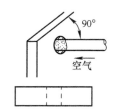
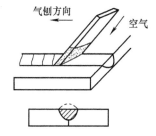

图 10-5　切割不锈钢板　　　图 10-6　在板材工件上打孔　　　图 10-7　刨削焊缝表面的余高

8）钢板边缘倒角的刨削，见图 10-8。

9）封底焊缝的刨槽，见图 10-9 和图 10-10。

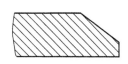
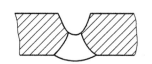
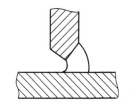

图 10-8　边缘倒角准备　　　图 10-9　对接封底焊缝刨槽　　　图 10-10　角接封底焊缝刨槽

10.1.2　碳弧气刨工艺参数

碳弧气刨的
工艺参数

1. 电源极性

碳弧气刨一般采用直流反接，即工件接负极。这样的电弧稳定，熔化金属的流动性较好，凝固温度较低，过程稳定，电弧会发出连续的唰唰声，刨槽宽窄一致，光滑明亮。若极性接错，则电弧不稳。

2. 电流与碳棒直径

如果电流较小，则电弧不稳，且易产生夹碳缺陷；如果电流过大，则碳棒烧损很快，甚至熔化，造成严重渗碳。碳棒直径主要根据刨槽宽度而定。一般碳棒直径应比要求的刨槽宽度小 2~4mm。

3. 刨槽速度

刨槽速度必须与电流大小和刨槽深度相匹配，一般刨槽速度为 0.5~1.2m/min，即 8~20mm/s。

4. 压缩空气压力

压缩空气压力高，可提高刨槽速度和刨槽表面质量；压力低，则会造成刨槽表面粘渣。一般要求压缩空气压力为 0.4~0.6MPa。压缩空气中所含水分和油分可通过管路中增加的过滤装置予以清除。

5. 碳棒的外伸长

碳棒从导电嘴到碳棒端点的长度称为外伸长。手工碳弧气刨时，外伸长大，压缩空气喷嘴离电弧较远，造成风力不足，不能将熔化金属和熔渣顺利吹掉，而且碳棒也容易折断。一般外伸长以 80~100mm 为宜。随着碳棒烧损，碳棒外伸长不断缩短，当外伸长减少至 20~30mm 时，应将外伸长重新调整至 80~100mm。

6. 碳棒与工件的夹角

碳棒与工件的夹角（图 10-1）大小，会影响刨槽深度和刨槽速度。若夹角增大，则刨槽深度增加，刨槽速度减小。一般手工碳弧气刨采用 45° 左右的夹角为宜。

10.1.3　碳弧气刨的操作

碳弧气刨的
操作过程

1. 碳弧气刨的操作特点

碳弧气刨的操作特点是准、平、正。

"准"，就是刨槽的深度要掌握准，刨槽的准线要看得准。操作时，眼睛要盯住准线，同时还要顾及刨槽的深度。碳弧气刨时，由于压缩空气与工件的摩擦作用会发出嘶嘶的响声，当弧长变化时，响声也随之变化。因此，可借响声的变化来判断和控制弧长的变化。若保持稳定而清脆的嘶嘶声，则表示电弧稳定，能获得光滑而均匀的刨槽。

"平"，就是手把要端得平稳。如果手把稍有上、下波动，刨削表面就会出现明显的凹凸不平。同时，移动速度应十分平稳，不能忽快忽慢。

"正"，就是指碳棒夹持要端正。同时，还要求碳棒在移动过程中，除了与工件之间保持合适的倾角外，碳棒中心线的投影要与刨槽的中心线重合，否则刨槽形状不对称。

2.碳弧气刨的操作过程

1）根据碳棒直径选择并调节电流，使气刨枪夹头夹紧碳棒，调节好碳棒外伸长。打开气阀并调节好压缩气体的流量，使气刨枪喷气口和碳棒对准待刨部位。

2）通过碳棒与工件轻轻接触引燃电弧。开始时，碳棒与工件夹角要小，逐渐增大至所需要的角度。在刨削过程中，弧长、刨槽速度和夹角大小要配合适当。

3）在垂直位置时，应由上向下操作。在水平位置时，既可从左向右，也可从右向左操作。在仰位置时，注意避免熔化金属烫伤操作人员。

4）刨槽深度较大时，可刨削 2 ~ 3 次。

5）保持均匀的刨槽速度。在刨槽衔接处，应在弧坑上引弧。

6）一般刨槽表面会有一深度为 0.54 ~ 0.72mm 的硬化层，可用钢丝刷把它清理掉。

3.常见缺陷及防止措施

（1）夹碳

刨槽速度和碳棒送进速度不稳，会造成短路熄弧，碳棒粘在未熔化的金属上，易产生夹碳缺陷，焊后焊缝中易产生气孔和裂纹。原因主要是人员操作不熟练。发生夹碳后，可用砂轮、气铲或重新用碳弧气刨清除。

（2）粘渣

粘渣后焊接容易产生气孔。原因是压缩空气压力偏小。发生粘渣后，同样可用钢丝刷、气铲或砂轮清理掉。

（3）铜斑

碳棒表面的铜皮成块剥落，形成铜斑。焊接时容易形成热裂纹。发生铜斑后，同样可采用上述方法清除干净。

（4）刨槽尺寸和形状不规则

刨槽尺寸和形状不规则的主要原因是人员操作不熟练、不稳定，或者注意力不集中。提高人员操作技能，使其专心操作即可避免此类缺陷。

10.2 碳弧气刨设备

碳弧气刨设备

碳弧气刨设备由电源、气刨枪、碳棒、电缆气管和空气压缩机等组成，见图 10-11。

1.碳弧气刨电源

碳弧气刨一般采用具有陡降外特性，且动特性较好的直流弧焊电源作为电源。由于碳弧气刨使用的电流较大，且连续工作时间较长，因此，应选用功率较大的电源。例如，当使用 $\phi7mm$ 的碳棒时，碳弧气刨的电流为 350A，故宜选用额定电流为 500A 的直流弧焊电源。实际生产中，均采用 630 型直流弧焊电源。以 ZX5-630 晶闸管弧焊整流器为例，其外形见图 10-12，该电源的技术参数：输入三相电源（380V，50Hz），输入

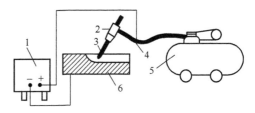

图 10-11　碳弧气刨设备示意图

1—电源　2—气刨枪　3—碳棒　4—电缆气管
5—空气压缩机　6—工件

容量为 48kV·A，空载电压为 72V，电流调节范围为 80 ~ 630A，额定负载持续率为 60%，质量为 300kg。

2. 碳弧气刨枪

对碳弧气刨枪的要求有：电极夹头导电性能应良好；夹持牢固、外壳绝缘，隔热性能良好，更换碳棒方便；压缩空气和喷射集中而准确，重量轻、使用方便。碳弧气刨枪有以下三种类型。

（1）侧面送气气刨枪

侧面送气气刨枪的优点是结构简单，压缩空气紧贴碳棒喷出，碳棒长度调节方便。缺点是只能向左或向右进行单一方向的气刨，见图 10-13 和图 10-14。

图 10-12　ZX5-630 晶闸管弧焊整流器

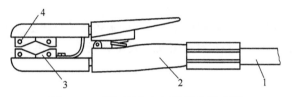

图 10-13　侧面送气气刨枪结构示意图

1—电缆气管　2—气刨枪体　3—喷嘴　4—喷气孔

图 10-14　侧面送气气刨枪

（2）圆周送气气刨枪

圆周送气气刨枪的优点是喷嘴外部与工件绝缘，压缩空气由碳棒四周喷出，碳棒冷却均匀，适合在各个方向操作。缺点是结构比较复杂，见图 10-15。

（3）旋转送气气刨枪

旋转送气气刨枪的特点是电极上夹片呈圆形，有 8 个固定不动的 V 形槽。下夹片有 3 个喷气孔，同样有 8 个 V 形槽与上夹片对应，但可旋转 8 档。这种气刨枪除了具有侧面送气气刨枪的优点外，只要拨动下夹片，就能进行多方向的气刨操作，见图 10-16。

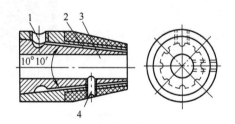

图 10-15　圆周送气气刨枪喷嘴结构示意图

1—电缆气管的螺孔　2—气道

3—碳棒孔　4—紧固碳棒的螺孔

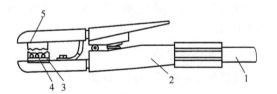

图 10-16　旋转送气气刨枪结构示意图

1—电缆气管　2—气刨枪体　3—下夹片

4—喷气孔　5—上夹片

3. 碳棒

碳棒是由碳、石墨加上适当的黏合剂，通过挤压成形，焙烤后镀一层铜制成的。碳棒主要分圆碳棒、扁碳棒和半圆碳棒三种，见图 10-17，其中圆碳棒最为常用。对碳棒的要求是耐高温，导电性良好，不易断裂，使用时散发的烟雾及粉尘少。

图 10-17 碳棒

圆碳棒规格及适用电流见表 10-1。

表 10-1 圆碳棒规格及适用电流

序号	规格尺寸 /mm	适用电流 /A	序号	规格尺寸 /mm	适用电流 /A
1	$\phi 3 \times 355$	150~180	5	$\phi 7 \times 355$	200~350
2	$\phi 4 \times 355$	150~200	6	$\phi 8 \times 355$	250~400
3	$\phi 5 \times 355$	150~250	7	$\phi 9 \times 355$	350~450
4	$\phi 6 \times 355$	180~300	8	$\phi 10 \times 355$	350~500

10.3 焊接工艺文件的编制

根据现行国家标准《钢结构焊接规范》（GB 50661—2011）中第 7.10.1 条的规定：焊接施工前，施工单位应制定焊接工艺文件用于指导焊接施工，工艺文件可依据《钢结构焊接规范》第 6 部分焊接工艺评定制定，具体参考其中的焊接工艺评定结果或符合免除工艺评定条件的工艺制定。焊接工艺文件应至少包括下列内容：

1）焊接方法或焊接方法的组合。

2）母材的规格、牌号、厚度及适用范围。

3）填充金属的规格、类别和型号。

4）焊接接头形式、坡口形式、尺寸及其允许偏差。

5）焊接位置。

6）焊接电源的种类和电流极性。

7）清根处理。

8）焊接参数，包括焊接电流、焊接电压、焊接速度、焊层和焊道分布等。

9）预热温度及道间温度范围。

10）焊后消除应力处理工艺。

11）其他必要的规定。

参 考 文 献

[1] 中华人民共和国住房和城乡建设部.钢结构焊接规范:GB 50661—2011[S].北京:中国建筑工业出版社,2012.

[2] 中华人民共和国住房和城乡建设部.钢结构设计标准:GB 50017—2017[S].北京:中国建筑工业出版社,2017.

[3] 中华人民共和国住房和城乡建设部.钢结构工程施工质量验收标准:GB 50205—2020[S].北京:中国计划出版社,2020.

[4] 全国焊接标准化技术委员会.焊缝符号表示法:GB/T 324—2008[S].北京:中国标准出版社,2008.

[5] 全国焊接标准化技术委员会.焊接及相关工艺方法代号:GB/T 5185—2005[S].北京:中国标准出版社,2006.

[6] 吴成材,刘景凤,吴京伟,等.建筑钢结构焊接技术[M].北京:机械工业出版社,2006.

[7] 邱葭菲.焊接方法[M].北京:机械工业出版社,2009.

[8] 邱葭菲.焊接方法与设备[M].北京:化学工业出版社,2009.

[9] 戴为志,高良.钢结构焊接技术培训教程[M].北京:化学工业出版社,2009.